二十四节气

董学玉 肖克之 主编

U0308759

中国农业出版社

图书在版编目（CIP）数据

二十四节气 ／ 董学玉，肖克之主编．—北京：中国农业出版社，2012.5（2018.12重印）
ISBN 978-7-109-16654-7

Ⅰ．①二…　Ⅱ．①董…　②肖…　Ⅲ．①二十四节气－基本知识　Ⅳ．①S162

中国版本图书馆CIP数据核字（2012）第055988号

中国农业出版社出版
（北京市朝阳区农展馆北路2号）
（邮政编码　100125）
责任编辑　姚　红　闫保荣　孙鸣凤

北京通州皇家印刷厂印刷　新华书店北京发行所发行
2012年6月第1版　2018年12月北京第4次印刷

开本：700mm×1000mm　1/16　印张：15.5
字数：256千字　印数：9 001～20 000册
定价：58.00元
（凡本版图书出现印刷、装订错误，请向出版社发行部调换）

前 言

　　二十四节气是中国人观天察地、认知自然所创造发明的时间知识体系，也是安排农业生产、协调农事活动的基本遵循，更是中国社会顺天应时、指导实践的生活制度。它是中国古代劳动人民的智慧，是中华民族千百年来世代相传弥足珍贵的文化遗产，是中华农耕文明的重要体现。

　　2005年初，在对二十四节气开展大量研究的基础上，中国农业博物馆启动了二十四节气国家级非遗项目的申报工作。2006年6月，国务院公布首批国家级非物质文化遗产，"农历二十四节气"列为民俗类保护项目，明确中国农业博物馆为保护单位。从此，二十四节气保护传承由自发分散转变为国家重点保护、责任单位明确的新阶段，开创了二十四节气保护传承工作的新局面。此后，中国农业博物馆相继开展了二十四节气深化研究等一系列工作，主要包括历史渊源与发展历程、地域特征、农事活动、节气文化、民间风俗以及与二十四节气相关的谚语、歌谣、传说等内容的初步调查、记录、整理和相关文物的收藏工作。

　　2008年，中国农业博物馆利用基本陈列改造的契机，建设了二十四节气专题影院，影院采取穹幕环幕地幕相结合的方式，这在当时属于世界首创。应观众要求，常年放映由中国农业博物馆策划制作的二十四节气专题影片，影片形象生动地诠释"二十四节气"历史渊源、科学原理、知识体系及其文化内涵，加之影院为观众营造了身临其境的特殊体验，受到社会公众特别是青少年学生的热烈欢迎。此外，还根据《周髀算经》的天文学原理，参考河南登封古观象台、江苏仪征东汉墓出土圭表等文物古迹，在中国农业博物馆室外农事园设计陈列了"二十四节气圭表"，为圆状通体汉白玉，其上雕刻二十四节气和对应的二十四副相关农事活动图案，直观地反映了节气特点与农业生产的关系。

　　随着二十四节气成为国家非物质文化遗产，各地对二十四节气的保护传承工作越来越重视，先后有九华立春祭、石阡说春、班春劝农、三门祭冬、苗族赶秋、壮族霜降节和安仁赶分社等7个项目列入二十四节气国家级遗产扩展项目。此外，河南内乡、河南登封、浙江拱墅等地的3个相关项目入选省级非遗保护项目。

为使中华优秀传统文化得到更好弘扬，2014年初中国农业博物馆正式启动二十四节气申报人类非物质文化遗产工作，成立了由隋斌馆长（时任馆长，现任党委书记）挂帅的工作组，经与文化部非物质文化遗产司密切沟通、认真谋划，制定了申遗工作计划，文化部和农业部对这项工作高度重视，联合成立了申报工作领导小组，由文化部和农业部两位分管副部长共同担任组长，决定把二十四节气作为2015年我国向联合国教科文组织申报人类非物质文化遗产的唯一项目。

为做好申报准备，中国农业博物馆先后召开10余次动员会和策划会。在此基础上，认真组织编写申报书，策划视频片，遴选代表性图片。该项工作得到业内相关专家的大力指导和支持，文化部非遗司和非遗中心先后组织召开15次研讨会、论证会和评审会。

经认真研究、悉心求证，在申遗过程中我们深入挖掘二十四节气丰富内涵，将称谓由原来的"农历二十四节气"规范为"二十四节气"并把二十四节气定义为："中国人通过观察太阳周年运动而形成的时间知识体系及其实践"，这是首次对二十四节气的本质特征进行简明准确的概括。我们还把二十四节气的内涵凝练为，"中国人将太阳周年运动轨迹划分为二十四等份，每一等份为一个节气，统称二十四节气，通过二十四节气能够认知一年中时令、物候、气候等的变化规律，可以有序组织农事生产，安排日常生活"。至此，二十四节气的概念更加清晰、准确和规范，被社会各界广泛采用。

2015年3月15日，二十四节气项目申报书、视频片和代表性图片提交到文化部，经文化部审定，正式报送联合国教科文组织。2015年9月，联合国教科文组织在官网上开始公示二十四节气视频片等申报材料，受到国际社会的广泛关注。

2016年9月联合国教科文组织在巴黎召开评审会，各国专家进行了深入研讨。2016年11月30日，联合国教科文组织第十一届常会，一致同意将二十四节气列为人类非物质文化遗产，标志着二十四节气在国际社会得到充分认可，标志着二十四节气全面走向世界。

申遗成功，新华社、人民日报、中央电视台、中国政府网等各大媒体及微博、微信公众号等新媒体，进行了广泛报道和宣传，引起社会各界的广泛关注和极大轰动，社会公众学习和实践二十四节气的热情空前高涨，形成了一种独特的二十四节气文化现象，广大青少年大大增强了对优秀传统文化的认同，增强了文化自信，为提升中华文化软实力作出了突出贡献。

本书是中国农业博物馆在开展二十四节气传承工作过程中的一项重要阶段性成果，是在先人的智慧和当代学者广泛研究的基础上，进行高度概括和系统总结而形成的，阐述了二十四节气的原生内容与派生文化遗产，具有一定的创新性和较高的学术价值，对二十四节气知识普及和文化遗产的研究、保护和传承具有重要参考价值。全书共分为三部分，第一部分详细介绍二十四节气的起源、演变过程、基本内容和直接相关的农事活动，以及由其衍生出来的节庆、礼仪、民俗、谚语、歌谣、传说等节气文化。第二部分主要介绍与二十四节气相关的珍贵古籍，重点介绍《淮南子》（又名《淮南鸿烈》）《周髀算经》《群芳谱》《御制月令七十二候诗》等四部，分别就其产生背景、版本年代、历代批注内容与作者、历史作用及现实意义等进行了阐释。第三部分将清末以来的200余部二十四节气著作汇集成目，以方便感兴趣的读者进一步深入研究。本书具有以下三个特点，首先是将有关二十四节气的文献搜罗一处，加以点校。对这些文献的存留、版本情况加以说明。这对于读者来说是颇为方便的。其次，本书有"节气与节庆"一章，将农历一年当中每个月的节日及其与节气的关系梳理说明，同时也介绍了二十四节气的"花信风"，并配上相应的照片，平添了几分趣味。再次，全书共有200余幅配套图片，不仅图文并茂、承上启下，而且大部分图画属珍稀难得之物。此外，本书还将我们收集的二十四节气著作汇集成目，方便读者检索。

隋斌

2018年12月

二十四节气

目 录

二
十
四
节
气

二十四节气

二十四节气是中国古代先民在长期的农业生产实践中，依据太阳在黄道（即地球围绕太阳公转的轨道）上位置的变化，总结我国一定地区（以黄河中下游地区为代表）在一个回归年中的天文、季节、气候、物候、农事活动等方面变化规律和特征的一种指导农业生产的历法。

其基本内容由气象物候知识和农业生产技术组成，包括与其相关的生产仪式、民间风俗和由节气派生出来的节日文化以及相应的实物和文化遗存（谚语、歌谣、传说等）。二十四节气成熟于两千多年前的汉代，是自古以来人们进行农事活动的依据，至今仍在中国各地区的农业生产中应用。

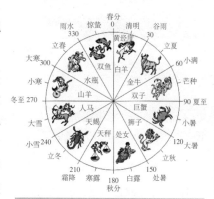

图1　二十四节气和黄道十二宫图

二十四节气的基本内容：

立春　春季的开始。

雨水　降雨开始，雨量渐增。

惊蛰　春雷乍动，惊醒了蛰伏在土中冬眠的动物。

春分　昼夜平分。

清明　天气晴朗，草木繁茂。

谷雨　雨量充足而及时，谷类作物茁壮成长。

立夏　夏季的开始。

小满　麦类等夏熟作物籽粒开始饱满。

芒种　麦类等有芒作物成熟。

夏至　炎热的夏天来临。

小暑　气候开始炎热。

大暑　一年中最热的时候。

图2 台湾出版的二十四节气邮票

立秋　秋季的开始。

处暑　表示炎热的暑天结束。

白露　天气转凉，露凝而白。

秋分　昼夜平分。

寒露　露水已寒，将要结冰。

霜降　天气渐冷，开始有霜。

立冬　冬季的开始。

小雪　开始下雪。

大雪　降雪量增多，地面可能积雪。

冬至　寒冷的冬天来临。

小寒　气候开始寒冷。

大寒　一年中最冷的时候。

二十四节气是"有关自然界和宇宙的知识和实践"，是中国各族人民智慧的结晶，是千百年来世代相传弥足珍贵的文化遗产。中国各族人民是其主要的实践者和传承人，尤其是中原地区的人民是实践和传承的核心。华夏人民将二十四节气的知识广泛地应用于农业生产和日常生活的相关领域，并发展派生出与之相关的仪式、风俗和节日文化，是悠久而绵长的中华农业文明的重要组成部分。传承二十四节气是各族人民的共同责任，也是亿万人民共同的心愿，这是中华民族赖以生存的根。

二十四节气告诉人们在一年中同一地区所获得的光和热是不同的，人们应该根据作物对光热的需要在不同的节气进行种植。虽然科学技术的发展给人类社会带来了前所未有的发展动力，但万物生长靠太阳是永恒不变的。因此在农业生产领域的生产者一直在有意无意地使用着二十四节气，而城市居民也依据二十四节气来把握一年之中气候的变化，所以二十四节气的传承从未中断。加之现代传播手段的丰富和对人类

图3　河南西平县小满嫘祖祭典仪式

文化遗产的日益重视，二十四节气和现代生活的关系越来越紧密，也被年轻人广泛地接受，以多种形式渗透在中国人的心中，实现了活态传承。

图4 《书经图说·稷播百谷图》

二十四节气作为中国各族人民口传心授的传统知识，在农业生产和日常生活中具有重要的实践指导意义；顺应自然、与自然和谐共处的价值内核符合现代社会建设绿色、低碳、文明、友好和谐社会的需求，对促进现代社会文化建设和发展具有积极意义；绵延几千年的实践、传承和再创造，是对中国各族人民伟大创造力的活态见证；传承过程中积累、凝聚的科技信息、历史信息和文化信息具有重要的学术研究价值；作为中国传统文化的一部分，二十四节气是中华文化圈的共同文明记忆和遗产，具有促进中华民族文化认同的强大感召力和向心力。

二十四节气作为中国人对自然的利用和实践的知识，不仅仅是中国人的骄傲，同时也证明了人类认识自然、贴近自然、利用自然的能力，见证了人类的创造力。二十四节气是人类文明的重要组成部分，让世界了解认识二十四节气是文明进步的标志，是世界各民族相互认知、相互尊重的需要，是继承农业中所表现出的智慧和哲理的需要，是各国人民追求恬淡、闲适、自然生活的需要。

图5 清人绘《田乐图》

图6 清徐扬绘《姑苏繁华图卷·农家小景》

物候的起源

　　生物长期适应温度条件的周期性变化，形成与此相适应的生长发育节律，这种现象称为物候现象。简单些说，物候就是植物的萌发、开花、结果、凋谢和某些动物的迁徙、冬眠等活动，反映了气候和节令的变化。

　　西方的物候知识起源也很早，两千多年以前，雅典人就已经试制了包括一年中物候推移的农历。到了罗马凯撒时代，还颁发了物候历以供应用。欧洲有组织地观测和研究物候，实际上始于18世纪中叶。当时瑞典植物分类学家林奈就曾对瑞典境内的植物进行了系统的观测。到了19世纪中叶以后，由于资本主义国家工业的发展和人口的增加，迫切需要增加农业生产，这才开始注意物候学的研究。日本、英国、德国的科学工作者都先后组织了物候学的观测和研究。十月革命以后，物候学在苏联得到很大发展，获得一定的成果，对农业增产起了很大作用。

　　物候知识的起源，在世界上以我国为最早。在两千多年以前，我国古代人民就把一年四季寒暑的变换分为二十四节气。二十四节气经历了一个十分漫长的发展过程。周代，人们已经测定夏至、冬至、春分、秋分等4个节气，《尚书·尧典》记载为"日中"、"日永"、"宵中"、"日短"，《吕氏春秋》中记载的节气增加到8个，西汉时期《淮南子·天文训》详实记录了二十四节气，并把在寒暑的影响下所出现的自然现象分为七十二候，《周髀算经》完整地介绍测定和计算方法。

　　测定节气需要器械，圭表是最早的仪器。很早以前，人们发现房屋、树木等物在太阳光照射下会投出影子，这些影子的变化有一定的规律。于是便在平地上直立一根竿子或石柱来观察影子的变化，这根立竿或立柱就

图7 《钦定书经图说·夏至致日图》

叫做"表"；用一把尺子测量表影的长度和方向，则可知道时辰。后来，发现正午时的表影总是投向正北方向，就把石板制成的尺子平铺在地面上，与立表垂直，尺子的一头连着表基，另一头则伸向正北方向，这把用石板制成的尺子叫"圭"。正午时表影投在石板上，古人就能直接读出表影的长度值。

经过长期观测，古人不仅了解到一天中表影在正午最短，而且得出一年内夏至日的正午，烈日高照，表影最短；冬至日的正午，煦阳斜射，表影则最长。于是，古人就以正午时的表影长度

图8　河南登封古观象台

来确定节气和一年的长度。譬如，连续两次测得表影的最长值，这两次最长值相隔的天数，就是一年的时间长度，所以我国先人早就知道一年等于365天多的数值。

中国现存最早的圭表是1965年在江苏仪征石碑村1号东汉墓出土。它由19.2厘米的表和34.39厘米长的圭构成，圭表之间有枢轴相连，可将表平放于匣内，圭表合装一体，启合自如，携带方便，是设计家和铸造师密切配合的杰作（另见有文载曾发现4 000多年前陶圭表，但未见实物）。

在3 000年前周公姬旦，用圭、表测日影、定四时、正地中。当年周公以"垒土圭，正地中"，称之为天地之中心，又是周代国之中心，更是今天中国南北长度之中心。故，国称"中国"，民族称"中华"，地方称"中原"，中原腹地称"中州"。也就是通过立土圭测日影，来度量地中，检验四时季节的变化。测量的原则和方法有：一是用圭与表成垂直角度（即90度）；二是圭表设置必须与当地子午线相吻合（即正南正北方向）；三是观测日影，必须在每天的日中，日复一日，天天测影，把每天测量的影长数据记录下来，根据每天日中日影的变化，找出季节的变化。周公把表影最长的那天定为"冬至"：我们现在都知道，每年这一天的中午，太阳直射南回归线，北半球的白天最短；而表影最短的一天，定为"夏至"：这一天日中，太阳直射北回归线，北半球的白天最长。把一年中日影最长的一天，到下一年日中日影最长一天的周期，即地球绕太阳一周定为一个"回归年"，然后再逐步计算出二十四节气，应用

到当时人类社会生产生活中。

现存最古老的观星台在河南登封，据说是在周公测景台的原址上建立。

图9　西周观星台遗址

观星台建于元代至元十三年至十六年(1276—1279)。天文学家郭守敬以此为中心点观测并推算出了当时世界最先进的历法《授时历》，其精确度与现行公历仅相差26秒，创制时间却早了300年。观星台系砖石混合建筑结构，由盘旋踏道环绕的台体和自台北壁凹槽内向北平铺的石圭两个部分组成。台体呈方形覆斗状，四壁用水磨砖砌成。台高9.46米，连台顶小室统高12.62米。顶边各长8米多，基边各长16米多，台四壁明显向中心内倾，其收分比例表现出中国早期建筑的特征。台顶小室是明嘉靖七年（1528）修葺时所建。台下北壁设有对称的两个踏道口，人们可以由此登临台顶。踏道以石条筑成，在环形踏道及台顶边沿筑有1.05米高的阶栏与女儿墙，皆以砖砌壁，以石封顶。为了导泄台顶和踏道上的雨水，在踏道四隅各设水道一孔，水道出水口雕作石龙头状。台的北壁正中，有一个直通上下的凹槽，其东、西两壁有收分，南壁上下垂直，距石圭南端36厘米。登封观星台的直壁和石圭是郭守敬所创高表制度的仅有的实物例证。

地球除了自转外，还要围绕太阳进行公转，在一年365天5小时48分46秒的公转中，由于地球的旋转，到达太阳黄经的角度也不同，自然地球从太阳上吸收的光和热的多少也不会一样，这就是我们能够感受到的冬暖、夏凉、春花、秋实。地球绕日一年转360度，将360度等分为24份，每份15度，每15度为一个节气，每个节气15天，这样就有了二十四节气。每个月有两个节气，月首称"节"，月中称"中气"，简称为"气"。基本概括了寒来暑往的准确时间和降雨降雪等自然现象发生的规律，记载了大自然中的一些物候现象。

图10　中国农业博物馆二十四节气圭表

二十四节气发源于黄河流域，反映了黄河中下游地区的气候特征。黄河中下游地处北纬30°～40°，在这个纬度上春夏秋冬一年四季分明，阳光水分适宜，且土壤肥沃，因此这个地区农业十分发达。二十四节气的形成集中反映了黄河中下游地区人民利用物候指导农业生产的情况。由于二十四节气指导性强，带有普遍的规律，且通俗易懂在全国各地得到了推广，并结合本地实际情况因地制宜地加以应用。

古代的中国是个农、渔、林、牧的社会，二十四节气是传统农事活动的重要依据。农人配合这些节气，栽种适时的植物；渔民也配合节气变化，捕得各种鱼儿；其余百姓也配合着季节气候的变化，安排着各种活动。先民们在农事生产、日常生活及宗教祭祀活动中再结合各种风俗仪式，经各朝代的演化，逐渐形成各种丰富多彩的二十四节气文化。二十四节气文化对中医药文化、饮食文化等养生文化和节庆文化、风俗习惯等产生重要的影响。千百年来，二十四节气文化一直在影响和指导着我们的生活，关照着中华民族的发展和繁衍。

图11 版画《四季平安》

图12 版画《五福临门》

二十四节气在中国社会中，为人民大众所接受，在人民的生活中随处可见二十四节气的影响，一些节气和民间文化结合，已经成为人们的固定节日。最著名的有立春、清明、立夏、夏至、冬至都融入了节日的氛围，像夏至、暑伏等等也与日常生活紧密相连。比如"冬至饺子、夏至面"，"头伏饺子、二伏面、三伏烙饼摊鸡蛋"、"冬练三九、夏练三伏"。在这些节气中，伴有丰富多彩的民俗活动。

物候的利用不仅照耀着中华民族繁衍生息、兴旺发达，而且传播到周边国家，推动了人类文明的进步，是世界性的文化现象。从这个意义上说，二十四节气的历史功绩，毫不亚于指南针、火药、造纸术和印刷术"四大发明"。正是二十四节气的应用，使人类增强了认识自然、利用自然的能力，加速了世界文明发展的进程。不仅如此，人们还将指导生产的节气与文化生活结合，形成了民族节气、岁时文化，并随着历史长河的涌进，不断丰富和发展，既有谚语、歌谣、传说等非物质遗产，又有传统生产工具、生活器具、工艺品、书画等艺术作品，还有与节气关系密切的节日文化、生产仪式和民间风俗。直至今日节气文化方兴未艾，大量传统农业中的农耕习俗和礼仪信仰，仍鲜活于民众之中，成为我国所独具的农业文化遗产的延续特征。丰富多彩的农业民俗文化，不仅有广泛性和地域多样性，它千古一脉的传承性，必继续为中华文化的积累、传承、弘扬和创造，产生深远的历史影响。

图13　清王翚等绘《康熙南巡图卷·农耕场面》

春季的节气

立春

　　立春是二十四节气之首，春季开始的节气。每年公历2月4日或5日太阳到达黄经315度时为立春。立春分为三候："初候东风解，二候蛰虫始振，三候鱼陟负冰。"标志着气候将告别寒冷的冬天。唐代诗人曹松《立春》诗曰："木梢寒未觉，地脉暖先知。鸟落星沉后，山分雪落时。"形象生动地描绘了"立春"。《月令七十二候集解》："正月节，立，建始也……立夏秋冬同。"古代"四立"，指春、夏、秋、冬四季开始，其农业意义为"春种、夏长、秋收、冬藏"，概括了黄河中下游农业生产与气候关系的全过程。中国幅员辽阔，地理条件复杂，各地气候相差悬殊，四季长短不一，因此，"四立"虽能反映黄河中下游四季分明的气候特点，"立"的具体气候意义却不显著，不能适用全国各地。黄河中下游土壤解冻日期从立春开始；立春第一候应为"东风解冻"，两者基本一致，但作为春季开始的标志，为之过早。

　　立春后气温回升，春耕大忙季节在全国大部分地区陆续开始。在全国各地都有一些相关的农谚：

　　一年之计在于春，农事节令不等人。

　　打了春，过了年，家家户户不得闲。

　　立春晴，一春晴，立春下，一春下。

　　立春晴一日，耕田不费力。

　　水淋春牛头，农夫百日忧。

　　立春一年端，种地早盘算。

　　春争日，夏争时，一年大事不宜迟。

　　春打六九头，七九、八九就使牛。

图14　版画《春牛像》

据文献记载，早在周代就有了迎接"立春"的隆重仪式：立春前三日，天子开始斋戒，到了立春日，亲率三公九卿诸侯大夫，到东方8里之郊迎春，祈求丰收。回来之后，要赏赐群臣，施惠兆民。自秦代人们就一直以立春作为春季的开始。立春是从天文上来划分的，而在自然界、在人们的心目中，春是温暖，鸟语花香；春是生长，耕耘播种。时至立春，人们明显地感觉到白昼长了，太阳暖了。气温、日照、降雨，这时常处于一年中的转折点，趋于上升或增多。小春作物长势加快，油菜抽薹和小麦拔节时耗水量增加，应该及时浇灌追肥，促进生长。农谚提醒人们"立春雨水到，早起晚睡觉"大春备耕也开始了。虽然立了春，但是在全国不同地区气候呈现出不同特点，在华南的大部分地区仍很冷，是"白雪却嫌春色晚，故穿庭树作飞花"的景象。在安排农业生产时都是应该考虑到的。

图15 杨家埠版画《打春牛》

立春的民俗相当丰富。在北京有鞭打春牛的习俗，为的是提醒人们已经立春，不要误了农事。据《燕京岁时记》中记载："立春先一日，顺天府官员，在东直门外一里春场迎春。立春日，礼部呈进春山宝座，顺天府呈进春牛图，礼毕回署，引春牛而击之，曰打春。"而立春这一天民间吃春饼(称为"咬春")的习俗，可以追溯到晋代。如晋代潘岳所撰的《关中记》记载："于立春日做春饼，以春蒿、黄韭、蓼芽包之。"清人陈维崧在其《陈检讨集》一书中亦说："立春日啖春饼，谓之'咬春'。"据汉代崔寔《四民月令》一书记载，我国很早就有"立春日食生菜……取迎新之意"的饮食习俗。而到了

图16 春 饼

明清以后，所谓的"咬春"主要是指在立春日吃萝卜，如明代刘若愚《酌中志·饮食好尚纪略》载："至次日立春之时，无贵贱皆嚼萝卜，名曰'咬春'。"清代富察敦崇《燕京岁时记》亦载："打春即立春，是日富家多食春饼，妇女等多买萝卜而食之，曰'咬春'，谓可以却春困也。"

旧时立春日吃春饼这一习俗不仅普遍流行于民间，在皇宫中春饼也经常作为节庆食品颁赐给近臣。如陈元靓《岁时广记》载："立春前一日，大内

出春饼，并酒以赐近臣。盘中生菜染萝卜为之装饰，置食中。"北京的春饼是用面粉烙制或蒸制而成的一种薄饼，食用时，常常配有炒豆芽、炒菠菜粉丝、炒韭菜、熏干肉丝炒韭黄、炒鸡蛋、豆腐丝、酱肘子、酱猪头肉、鸡丝、炸饹饸、葱丝和甜面酱等以春饼包菜食用。清代诗人蒋耀宗和范来宗的《咏春饼》联句中有一段精彩生动的描写："匀平霜雪白，熨贴火炉红。薄本裁圆月，柔还卷细筒。纷藏丝缕缕，才嚼味融融。"

图17　山西晋中社火

在我国许多地区，"立春"之日民间还要举行"耍社火"的娱乐活动。到了清代，迎春仪式更演变为社会瞩目、全民参与的重要民俗活动。清人所著的《清嘉录》则指出，立春祀神祭祖的典仪，虽然比不上正月初一的岁朝，但要高于冬至的规模。立春，女孩子剪彩为燕，称为"春鸡"；贴羽为蝶，称为"春蛾"；缠绒为杖，称为"春杆"。戴在头上，争奇斗艳。晋东南地区的女孩子们，喜欢交换这些头饰，传说主蚕兴旺。乡宁等地习惯用绢制作小娃娃，名为"春娃"，佩戴在孩童身上。晋北地区讲究缝小布袋，内装豆、谷等杂粮，挂在耕牛角上，取意六畜兴旺，五谷丰登，一年四季，平安吉祥。

除了汉族，我国一些少数民族也很重视"立春"。广西侗族人民以立春为"春牛节"。这天晚饭后，村寨里的劳动能手和歌舞能手，要组成"送春牛"小分队，敲锣打鼓，挨家挨户"送春牛"，意为将丰收和幸福送到各家各户。

图18　版画《大过新年》

由于立春与春节密不可分，所以立春活动中也有不少春节内容，如拜年、娱乐等。同时还有不少庆祝活动，正月初二回娘家；初三老鼠嫁女；初四接神；初五财神诞辰，当天必迎财神，各种店铺开市大吉；正月初七为人日，古代称人胜节。

春季气候变化较大，天气乍寒乍暖，由于人体腠理开始变得疏松，对寒邪的抵抗能力有所减弱，所以，初春时节特别是生活在北方地区的人不宜过早脱去棉服，年老体弱者换装尤宜谨慎，不可骤减。饮食调养方面要考虑春季阳气初生，宜食辛甘发散之品，不宜食酸收之味。食品选择辛温发散的大枣、豆豉、葱、香菜、花生等灵活地进行配方选膳。特别是初春，天气由寒转暖，各种致病的细菌、病毒随之生长繁殖。要注意消灭、阻滞传染源，经常开窗，使室内空气流通，保持空气清新。同时加强锻炼，提高机体的防御能力。

图19　农民画《立春》

雨水

雨水是二十四节气中的第二个节气。每年公历的2月19日前后，太阳黄经达330度时，是雨水节气。此时，气温回升、冰雪融化、降水增多，故取名为雨水。雨水分为三候："一候獭祭鱼；二候鸿雁来；三候草木萌动。"意思是水獭将鱼摆在岸边如同先祭后食的样子；大雁开始从南方飞回北方；在"好雨知时节，当春乃发生。随风潜入夜，润物细无声"（唐杜甫诗）的春雨中，草木随地中阳气的上腾而开始抽出嫩芽。从此，大地渐渐开始呈现出一派欣欣向荣的景象。

图20　农民画《雨水》

　　雨水节气的到来，不仅表示降雨的开始及雨量增多，而且表示气温的升高。雨水前，天气相对来说比较寒冷。雨水后，人们则明显感到春回大地。《月令七十二候集解》："正月中，天一生水。春始属木，然生木者必水也，故立春后继之雨水。且东风既解冻，则散而为雨矣。"全国大部分地区严寒多雪之时已过，下雨开始，雨量渐渐增多，有利于越冬作物返青或生长，抓紧越冬作物田间管理，做好选种、春耕、施肥等春耕春播准备工作。农谚说："雨水有雨庄稼好，大春小春一片宝。"对农业来说，雨水正是小春管理、大春备耕的关键时期。雨水节气过后，气温开始回升，小麦自南向北开始返青，土壤中的水汽不断上升，凝聚在土壤表层，夜冻日融，开始返浆。因为降雨增多，空气湿润，天气暖和而不燥热，非常适合万物的生长，对越冬作物生长有很大的影响。正是，"雨水春雨贵如油，顶凌耙耱防墒流，多积肥料多打粮，精选良种夺丰收。"对以耕作为主的农民朋友来说，他们所关心的是如何抓住"一年之计在于春"的关键季节，进行春耕、春种、春管，实现"春种一粒粟，秋收万颗籽"的愿望。就大田来看，雨水前后，油菜、冬麦普遍返青生长，对水分的需求相对较多。而华北、西北以及黄淮地区，这时降水量一般较少，常不能满足农作物的需求。雨水节气在全国各地亦有一些农谚：

图21　元王祯撰《农书·圃田》
（清乾隆武英殿刻本）

　　雨水节，皆柑橘。

　　雨水甘蔗，节节长。

　　雨水春雨贵如油，顶凌耙耱防墒流，多积肥料多打粮，精选良种夺丰收。

　　雨水节期间，正好是农历的元宵节，汉族以及有些少数民族都陶醉在元宵节的活动中，吃元宵、逛灯会、猜灯谜、耍龙灯，这样丰富多彩的活动，无形中把雨水节的故事淡忘了。雨水这天在各地有许多民俗"雨水节，回娘

图22　清风俗画《元宵节图》

家"是流行于川西一带汉族的节日习俗。到了雨水节气，出嫁的女儿纷纷带上礼物回娘家拜望父母。生育了孩子的妇女，须带上罐罐肉、椅子等礼物，感谢父母的养育之恩。久不怀孕的妇女，则由母亲为其缝制一条红裤子，穿到贴身处，据说，这样可以尽快怀孕穗子。该习俗现在仍在农村流行。

雨水节的另一个主要习俗，是女婿去给岳父岳母送节。送节的礼品则通常是两把藤椅，上面缠着1丈2尺长的红带，这称为"接寿"，意思是祝岳父岳母长命百岁。送节的另外一个典型礼品就是"罐罐肉"：用沙锅炖了猪脚和海带，再用红纸、红绳封了罐口，给岳父岳母送去。这是对辛辛苦苦将女儿养育成人的岳父岳母表示感谢和敬意。如果是新婚女婿送节，岳父岳母还要回赠雨伞，让女婿出门奔波时能遮风挡雨，也有祝愿女婿人生旅途顺利平安的意思。

"拉保保"是四川一些地区雨水时的民间习俗。旧社会，人们迷信命运，为儿女求神问卦，看自己的儿女好不好带，尤独子者更怕夭折，一定要拜个干爹，按小儿的生辰八字，找算命先生算算命上相合相克的关系，如果命上缺木，拜干爹取名字时就要带木字，才能保儿子长命百岁。此举一年复一年，久而盛开一方之俗，传承至今名曰"拉保保"。

图23　清风俗画《元宵行乐图》

雨水时节，正是养生的好时机，调养脾胃首当其冲。中医认为，脾胃为后天之本，气血生化之源。脾胃功能健全，则人体营养利用充分，反之则营养缺乏，体质下降。古代著名医学家李东垣提出："脾胃伤则元气衰，元气衰则人折寿。"根据"春夏养阳"的养生原则，唐代药王孙思邈说："春日宜省酸，增甘，以养脾气"，强调这个季节调养脾胃的重要性。北京有一种食品叫"望春蜜饼"，在酥松皮中加入蜂蜜，并以蜂蜜柚子为馅，入口香甜沁人心脾。蜂蜜和柚子是常见甘味食物，能够健脾消食。此饼是调养脾胃的佳品。

图24　版画《庆赏元宵》

"春捂"是传统的养生之道。冬去春来，寒气始退，阳气升发，"春捂"是硬道理。此时人们的机体调节功能远远跟不上天气的变化，稍不注意，伤风感冒就会乘虚而入。"春捂"的原则是适度，不"捂"不行，"捂"过头也不成，掌握好"春捂"的尺度非常重要。一年之计在于春，只有掌握春季养生法，才能为新一年的健康打好基础。

惊蛰

惊蛰，是二十四节气中的第三个节气。每年公历3月5日或6日，太阳到达黄经345度时为惊蛰。惊蛰意思是天气回暖，春雷始鸣，惊醒蛰伏于地下冬眠的动物。惊蛰分为三候："一候桃始华；二候仓庚（黄鹂）鸣；三候鹰化为鸠。"《月令七十二候集解》中说："二月节，万物出乎震，震为雷，故曰惊蛰。是蛰虫惊而出走矣。"晋代诗人陶渊明有诗曰："促春遘（gòu）时雨，始雷发东隅，众蛰各潜骇，草木纵横舒。"实际上，昆虫是听不到雷声的，大地回春，天气变暖才是使它们结束冬眠，"惊而出走"的原因。"惊蛰"节气后，南方暖湿气团开始活跃，气温明显回升。这个节气在农忙上有着相当重要的意义。自古人们重视惊蛰节气，把它视为春耕开始的日子。唐诗有云："微雨众卉新，一雷惊蛰始。田家几日闲，耕种从此起。"农谚也说："过了惊蛰节，春耕不能歇"、"九尽杨花开，农活一齐来。"华北冬小麦开始返青生长，土壤仍冻融交替，及时耙地是减少水分蒸发的重要措施。"惊蛰不耙地，好比蒸馍走了气"，这是当地人民防旱保墒的宝贵经验。此时江南小麦已经拔节，油菜也开始见花，对水、肥的要求均很高，应适时追肥，干旱少雨的地方应适当浇水灌溉。惊蛰全国各地农谚有：

惊蛰寒，秋成团；惊蛰暖，秋成秆。

冻惊蛰，冷清明，麦子必有好收成。

惊蛰春翻田，胜上一道粪。

惊蛰清田边，虫死几万千。

惊蛰闻雷，谷米贱似泥。

惊蛰有雨并闪雷，麦积场中如土堆。

雨打惊蛰前，高田变湖田；雨打惊蛰后，低田种瓜豆。

惊蛰各地都有民俗活动。惊蛰雷动，百虫"惊而出走"，从泥土、洞穴中出来，虫蚁开始活动，逐渐遍及田园、家中，殃害庄稼，或滋扰生活。

图25　清徐扬绘
《姑苏繁华图卷·稼禾管理》

因此惊蛰期间，各地民间均有不同的除虫仪式。如湖北土家族民间有"射虫日"，于惊蛰前在田里画出弓箭的形状以模拟射虫的仪式。又如浙江宁波惊蛰"扫虫节"，农家拿着扫帚到田里举行扫虫的巫术仪式，将一切害虫"扫除"。在民俗中，扫帚什么都能扫，如扫除妖魔鬼怪、扫魂、扫除疾病、扫除晦气、扫除虫害。如遇上虫害，江浙一带家家户户纷纷将扫帚

图26　《清代俗语图说·弗信阴阳但听雷声》

把插到田头地间，以请扫帚神来帮助消除虫灾。

"二月二"这一节日习俗起源很早，民间流传"二月二，龙抬头；大仓满，小仓流"，象征着春回大地，万物复苏。它是从上古时期人们对土地的崇拜中产生、发展而来，在南、北地区形成了不同的节俗文化：南方为"社日"，北方为"龙抬头"节。"二月二，龙抬头，蝎子蜈蚣都露头。"这天，河南南阳农家主妇要在门窗、炕沿处插香薰虫，并剪制鸡形图案，悬于房中，

以避百虫，保护全家安康。从中原迁徙到南方的客家人也还保留着鸡吃虫子的民俗，旧时几乎所有客家农村的屋顶上都立有瓷公鸡，俗称"凤鸡"，民间认为"凤鸡"具有镇风煞、克蚁害、护宅保平安之效。鸡在我国传统民俗中被视为吉祥物，鸡鸣报晓，鬼怪避之，鸡吃毒虫，剪除五毒，故宋代《风俗通》有云："除夕以雄鸡着门上，以和阴

图27　祭白虎

阳。"《荆楚岁时记》亦云："贴画鸡或斫铸五彩及土鸡于户上，悬苇索于其上，插桃符其旁，百鬼畏之。"

　　祭白虎也是惊蛰的一种习俗，按广东传说，凶神之一的白虎（俗称虎爷）

图28　版画《惊蛰图》

也在惊蛰出来觅食。为求平安，人们便在惊蛰那天祭白虎，这是惊蛰祭白虎的由来。这一习俗不仅在南方流行而且传播到新加坡，早年新加坡惊蛰祭祀白虎的信众以广东人居多，现在则已成为不同籍贯人士竞相沿袭的传统。许多庙宇都安置了祭白虎的祭坛，以方便信众。这一尊尊供祭祀的白虎（塑像）通常獠牙张嘴。信众相信，祭祀时以猪油抹其嘴，它就不能张口伤人；以蛋喂食，饱食后的白虎就不会伤人了。

　　惊蛰过后万物复苏，是春暖花开之季，但又是各种病毒和细菌活跃之时，因此，也是流行性疾病多发的季节。诸如流感、流脑、水痘、带状疱疹、甲型肝炎、流行性出血热等。所以，在这一节气中，应该做好流行性疾病的预防工作。从中医学角度上讲，以四季配五脏，春季属肝脏，一系列肝的病症，如精神疾病、高血压、中风等病，常会在春季复发或加重。中医很早就提出"春宜养肝"的说法。春季只有保持肝脏的生理功能，才能适应自然界生机勃发的变化。如果忽视了护肝养肝，肝脏机能失常，则易发生上述病症。《黄帝内经》指出："正气内存，邪不可干。"意思是说，在人体正气强盛的情况下，邪气不易侵入机体，也就不会发生疾病。所以，增强体质、提高人体的抗病能力十分重要。春季注意调理起居饮食可起到预防疾病的目的。首先生活上不要过分劳累，以免造成体质下降，容易使疾病乘虚而

入；其次要保持精神愉快、心平气和的良好心态，切忌妄动肝火，否则肝气太盛，易患头晕、目眩、中风和精神疾患。再而饮食上以保阴潜阳、清肝降火旺的食品为主。宜多吃富含植物蛋白质、维生素的清淡食物，少食动物脂肪类食物。

春分

每年公历3月21日前后为春分，此时太阳到达黄经0度。春分的含义取自于《月令七十二候集解》："二月中，分者半也，此当九十日之半，故谓之分。"意思是说这一天时间白天黑夜平分，各为12小时；古时以立春至立夏为春季，春分正当春季三个月之中，平分了春季。春分三候："一候元鸟至；二候雷乃发声；三候始电。"是说春分之后，燕子便从南方飞来了，下雨时天空便要打雷并发出闪电。

图29　春分祭日坛

周代春分有了祭日仪式。《礼记》："祭日于坛。"孔颖达疏："谓春分也。"此俗历代相传。清潘荣陛《帝京岁时纪胜》："春分祭日，秋分祭月，乃国之大典，士民不得擅祀。"日坛坐落在北京朝阳门外东南日坛路东，又叫朝日坛，它是明、清两代皇帝在春分这一天祭祀大明神（太阳）的地方。朝日定在春分的卯刻，每逢甲、丙、戊、庚、壬年份，皇帝亲自祭祀，其余的年岁由官员代祭。古代帝王的祭日场所大多设在京郊。北京在元代时就建有日坛，现在北京的这座日坛建于明嘉靖九年（1530）。祭祀之前皇帝要到具服殿休息，然后更衣到朝日坛行祭礼。朝日坛在整个建筑的南部，坐东朝西，这是因为太阳从东方升起，人要站在西方向东方行礼的缘故。坛为圆形，坛台1层，直径33.3米，周围砌有矮围墙，东、南、北各有棂星门1座。西边为正门，有3座棂星门，以示区别。墙内正中用白石砌成一座方台，叫做拜神坛，高1.89米，周围64米。明代建成时，坛面用红色琉璃砖砌成，以象征大明神，这本是一种非常富有浪漫色彩的布置，但到清代却改用方砖铺墁，使日坛逊色不少。祭日仪式虽然比不上祭天、祭地的礼仪，但仪式也颇为隆重。明代皇帝祭日时，用奠玉帛，礼三献，乐

图30 春分民俗文化节

七奏，舞八佾，行三跪九拜大礼。清代皇帝祭日礼仪有：迎神、奠玉帛、初献、亚献、终献、答福胙、车馔、送神、送燎等9项议程，也很隆重。

春分时节，各地气温继续回升，已稳定通过10℃。大部分地区越冬作物进入春季生长阶段，有利于水稻、玉米等作物播种，植树造林也非常适宜。此时气候温和，雨水充沛，阳光明媚，岸柳青青，桃红李白，莺飞草长。欧阳修对春分曾有过一段精彩的描述："南园春半踏青时，风和闻马嘶，青梅如豆柳如眉，日长蝴蝶飞。"但是，春分前后常常有一次较强的冷空气入侵，气温显著下降，最低气温可低至5℃以下。有时还有小股冷空气接踵而至，形成持续数天低温阴雨，春寒料峭对农业生产不利。春分全国各地农谚有：

图31 农民画《春分》

　　春分到，把种泡，点了玉米忙撒稻。

　　惊蛰到春分，下种莫放松。

　　春分时节乱插犁，抢种一粒收万粒。

　　春分麦起身，一刻值千金。

　　春分地漏如筛。

　　春分无雨划耕田，春分有雨是丰年。

由于春分节气平分了昼夜、寒暑，人们在保健养生时应注意保持人体的阴阳平衡状态。"暂时平衡状态"是养生保健根本条件和重要法则，这一法则无论在精神、饮食、起居等方面的调摄上，还是在自我保健和药物的使用

图32 春分竖蛋

上都是至关重要的。春分节气的饮食调养，应当根据自己的实际情况选择能够保持机体功能协调平衡的膳食，禁忌偏热、偏寒、偏升、偏降的饮食误区，如在烹调鱼、虾、蟹等寒性食物时，其原则必佐以葱、姜、酒、醋等温性调料，以防止性寒偏凉的菜

肴，食后有损脾胃而引起脘腹不舒；又如在食用韭菜、大蒜、木瓜等助阳类菜肴时，配以蛋类滋阴之品，以达到阴阳互补之目的。多吃时令菜，每个季节都有符合其气候条件而生长的时令菜，得天地之精气，营养价值高。吃有养阳功效的韭菜，可增强人体脾胃之气；豆芽、豆苗、莴苣等，有助于活化身体生长机能；而食用桑椹、樱桃、草莓等营养丰富的晚春水果，则能润肺生津，滋补养肝。

春分节气这天，世界各地有数以千万计的人在做中国民俗游戏"竖鸡蛋"。选择一个光滑匀称、刚生下四五天的新鲜鸡蛋，轻手轻脚地在桌子上把它竖起来。虽然失败者颇多，但成功者也不少。故有"春分到，蛋儿俏"的说法。春分这一天为什么鸡蛋容易竖起来呢？首先，春分是南北半球昼夜都一样长的日子，呈66.5度倾斜的地轴与地球绕太阳公转的轨道平面处于一种力的相对平衡状态，有利于竖蛋。其次，春分正值春季的中间，不冷不热，花红草绿，人心舒畅，思维敏捷，动作利索，易于游戏成功。更重要的是，鸡蛋的表面高低不平，有许多突起的"小山"。"山高"0.03毫米左右，"山峰"之间的距离在0.5～0.8毫米。根据三点构成一个三角形和决定一个平面的道理，只要找到三个"小山"和由这三个"小山"构成的三角形，并使鸡蛋的重心线通过这个三角形，那么这个鸡蛋就能竖立起来了。此外，最好要选择刚生下四五天的鸡蛋，此时蛋黄素带松弛，蛋黄下沉，鸡蛋重心下降，有利于竖立成功。

清明

每年公历4月5日前后，太阳到达黄经15度是清明节气。清明有三候："一候桐始华，二候田鼠化为鴽，三候虹始见。"意思是白桐花开放了；喜阴的田鼠不见了，回到洞中；雨后的天空可以见到彩虹了。中国传统的清明节大约始于周代，距今已有2 500多年的历史。《历书》："春分后十五日，斗指丁，为清明，时万物皆洁齐而清明，盖时当气清景明，万物皆显，因此得名。"清明一到，气温升高，正是春耕春种的大好时节，故有"清明一到，农夫起跳"、"清明前后，种瓜种豆"、"清明谷雨两相连，浸种耕田莫拖延"之说，此时春播已到了关键时期，农民要积极行动起来，投身春播春耕工作中。全国各地农谚有：

清明前后，种瓜点豆。

图33　清绵乙绘《耕织图册·浸种　耕图》

清明谷雨紧相连，浸种耕田莫迟延。

杏花朵朵开，春播巧安排。

山中甲子无春夏，四月才开二月花。

枣发芽，种棉花。

清明前后一场雨，强如秀才中了举。

雨下清明前，谷雨雨不干；雨下清明后，干到立夏头。

　　清明节也是一个纪念祖先的节日。主要的纪念仪式是扫墓，扫墓是慎终追远、敦亲睦族及行孝的具体表现。因此，清明节成为了华人的重要节日。在墓前祭祖扫墓，这个习俗起源很早。西周时对墓葬就十分重视。东周战国时代《孟子·齐人篇》也曾提及一个为人所耻笑的齐国人，常到东郭坟墓乞食祭墓的祭品，可见战国时代扫墓之风气十分盛行。到了唐玄宗时，下诏定寒食扫墓为当时"五礼"之一，因此每逢清明节

图34　风俗画《清代扫墓图》

来到，"田野道路，士女遍满，皂隶佣丐，皆得父母丘墓"[1]扫墓遂成为社会重要风俗。

---

①柳宗元：《与许京兆书》。

寒食节相传来自春秋战国时代，晋献公的妃子骊姬为了让自己的儿子奚齐继位，设毒计谋害太子申生，申生被逼自杀。申生的弟弟重耳，为了躲避祸害，流亡出走。在流亡期间，重耳受尽了屈辱。原来跟着他一道出奔的臣子，陆续各谋出路去了，只剩下几个忠心耿耿的人，一直追随着他。其中一个叫介子推的，在重耳被饿晕了的情况下，从自己腿上割下了一块肉，用火烤熟送给重耳吃，救了重耳的命。19年后，重耳回国做了君主，成为春秋五霸之一晋文公。晋文公执政后，对那些和他同甘共苦的臣子大加封赏，唯独忘了介子推。有人在晋文公面前为介子推叫屈。晋文公猛然忆起旧事，心中有愧，马上差人去请介子推上朝受赏封官。差人去了几趟，介子推不来。晋文公只好亲自去请。可是，当晋文公来到介子推家，只见大门紧闭。介子推不愿见他，已经背着老母躲进了绵山（今山西介休县东南）。晋文公便让他的御林军上绵山搜索，没有找到。于是，有人出了个主意说，不如放火烧山，三面点火，留下一方，大火起时介子推会走出来的。晋文公乃下令举火烧山，孰料大火烧了三天三夜，熄灭后终不见介子推出来。上山一看，介子推母子俩抱着一棵烧焦的大柳树已经死了。晋文公望着介子推的尸体哭拜一阵，然后安葬遗体，发现介子推脊梁堵着个柳树树洞，洞里像有什么东西。掏出一看，原来是片衣襟，上面题了一首血诗：

　　　　割肉奉君尽丹心，但愿主公常清明。

　　　　柳下作鬼终不见，强似伴君作谏臣。

　　　　倘若主心有我，忆我之时常自省。

　　　　臣在九泉心无愧，勤政清明复清明。

　　晋文公将血书藏入袖中。然后把介子推和他的母亲分别安葬在那棵烧焦的大柳树下。为了纪念介子推，晋文公下令把绵山改为"介山"，在山上建立祠堂，并把放火烧山的这一天定为寒食节，晓谕全国，每年这天禁忌烟火，只吃寒食。第二年，晋文公领着群臣，素服徒步登山祭奠，表示哀悼。行至坟前，只见那棵老柳树死而复活，绿枝千条，随风飘舞。晋文公望着复活的老柳树，像看见了介子推一样。他敬重地走到跟前，珍爱地掐下一枝，编了一个圈儿戴在头上。祭扫后，晋文公把复活的老柳树赐名为"清明柳"，又把这

图35　风俗画《清明活动图》

天定为清明节。以后，晋文公常把血书带在身边，作为鞭策自己执政的座右铭。他勤政清明，励精图治，把国家治理得很好。此后，晋国的百姓得以安居乐业，对有功不居、不图富贵的介子推非常怀念。每逢他死的那天，大家禁止烟火来表示纪念。还用面粉和着枣泥，捏成燕子的模样，用杨柳条串起来，插在门上，召唤他的灵魂，称为"之推燕"（介子推亦作介之推）。此后，寒食、清明成了全国百姓的隆重节日。每逢寒食，人们不生火做饭，只吃冷食。在北方，老百姓只吃事先做好的冷食如枣饼、麦糕等；在南方，则多为青团和糯米糖藕。每届清明，人们把柳条编成圈儿戴在头上，把柳条枝插在房前屋后，以示怀念。本来，寒食节与清明节是两个不同的节日，到了唐代，

图36　风俗画《牧童遥指杏花村》

将拜扫墓的日子定为寒食节。寒食节正确的日子是在冬至后105天，约在清明前后，因此便将清明与寒食合并为一了。

清明节除了扫墓外，还有许多民俗活动，诸如春游、踏青、插柳和植树等。斗鸡、放风筝、荡秋千、击球等活动也很盛行。

"清明时节雨纷纷，路上行人欲断魂。"这个节气气候湿润，容易使人产生"嗜睡"的感觉。养生从中医学的角度来讲，清明这个节气应调摄情志，保持心情舒畅，早睡早起，选择动作柔和、动中有静的运动，定时定量进食，多吃蔬菜瓜果。保持室内外的清洁，调节好室内温湿度，对人体很有益。

谷雨

每年公历4月20日或21日太阳到达黄经30度时为谷雨。《月令七十二候集解》中说，"三月中，自雨水后，土膏脉动，今又雨其谷于水也。盖谷以此时播种，自下而上也"，故此得名。谷雨分三候："一候萍始生，二候鸣鸠拂其羽，三候戴胜降于桑。"是说谷雨后降雨量增多，浮萍开始生长；布谷鸟开始提醒人们播种了；戴

图37　敦煌壁画《雨中耕种》

胜出现在桑树上。每年到这个时候，雨水明显增多，而且这时桃花正在开放，所以也有人称这时候的雨为桃花雨或桃花泛。谷雨将谷和雨联系起来，蕴涵着"雨生百谷"之意。"杨花落尽子规啼"，人们这样形容谷雨，此节过程中，我们就要和春天依依惜别了。

谷雨是春季的最后一个节气，这时田中的秧苗初插、作物新种，最需要雨水的滋润，所以说"春雨贵如油"。这时，我国南方大部分地区雨水较丰，对水稻栽插和玉米、棉花苗期生长有利。"蜀天常夜雨，江槛已朝晴"，这种夜雨昼晴的天气，对大春作物生长和小春作物收获是颇为适宜的。全国各地谷雨农谚有：

图38　谷雨祭海

　　谷雨麦挑旗，立夏麦头齐。

　　谷雨麦怀胎，立夏长胡须。

　　谷雨打苞，立夏龇牙，小满半截仁，芒种见麦茬。

　　棉花种在谷雨前，开得利索苗儿全。

　　谷雨前后栽地瓜，最好不要过立夏。

图39　谷雨茶

从气象角度看，谷雨预示着大自然的雨水更加充沛，以农耕为主的先民，早把这一节气作为农事的重要时节。而以捕鱼为生的渔民，历来认为，谷雨时节，百鱼上岸，是出海捕捞的吉日。为了祈求神灵庇佑他们的海上生产一帆风顺、鱼虾满舱，遂于每年出海的前一天，即谷雨节，向众神（龙王、海神娘娘）献祭。过了谷雨，百鱼近岸。这天渔民们举行隆重的仪式，祈求出海平安、鱼虾满仓，山东威海地区的祭海，是民间最大的海上祭祀活动。

谷雨茶，就是谷雨时节采制的春茶，也叫二春茶。茶农们认为，只有在谷雨这天采的鲜茶叶做的干茶才算得上是真正的谷雨茶，而且还有一个苛刻的要求，必须是在上午采摘的。因为春季温度适中，雨量充沛，加上茶树经过冬季的休养生息，无论色泽和口味，香气宜人，而且含多种维生素和氨基酸。所以，春茶受到茶客的追捧。人们认为明前茶、雨前茶都是一年之中茶的佳品，农谚说：清明芽，谷雨茶。人们通常所说的雨前茶，就是谷雨茶。

在一些地区，谷雨茶甚至被赋予"神力"，传说能让人死而复生，虽然只是民间传说，但足以说明谷雨茶在人们心中的分量。因为谷雨茶大受追捧，中国茶叶学会等部门还倡议将每年农历"谷雨"这一天作为"全民饮茶日"，并举行各种相关的活动。茶农们那天采摘做好的茶都是留作自己喝或用来招待客人，他们在泡茶时，会炫耀地对客人说，这是谷雨那天做的茶哦。言下之意，只有贵客来了才有机会品尝。

图40　仓颉庙

谷雨一词的来历很有意思。传说5 000多年前的一天，走遍名山大川的轩辕黄帝左史官仓颉席地而坐，依照星斗的曲折、山川的走势、龟背的裂纹、鸟兽的足迹造出了最早的象形文字。在他之前，人们一直用打结的绳子来记载事件，生活在巫术横行、人鬼混居的浑沌之中。"仓颉造字，而天雨粟，鬼夜哭。"上天为生民贺喜，降下谷子，鬼因为再不能愚弄民众而在黑暗中哭泣。人们从此把这天叫做谷雨，并在每年的这一天，祭祀仓颉，并称他为圣人。陕西白水县，有一座庙，香火很旺，谷雨那天更是人满为患，那就是祭祀中国文字创造者仓颉。据说已经有1 800多年的历史了。

谷雨有不少习俗和禁忌，吃"香椿鱼儿"是这一天普遍的习俗。古代农市上把香椿称椿，把臭椿称为樗。据说早在汉代，我们的祖先就有食用香椿的习惯。香椿还曾与荔枝一起作为南北两大贡品，深受皇上及宫廷贵族的喜爱。宋苏颂盛赞其"椿木实而叶香可啖。"在北方，人们采摘下鲜嫩的椿芽，拿鸡蛋和的面一裹，放到油锅里炸，出

图41　清吴俊绘《采摘荆桑图》

锅后撒上花椒盐，就是"香椿鱼儿"。"椿"与"春"同音，谷雨是春天最后一个节气，人们舍不得这明媚的春光，所以吃香椿鱼儿再次细细品味，留住春天，寓意年年有余。

《孟子》说："五亩之宅，树之以桑，五十者可以衣帛矣。"桑林在某种意义上，成了古人理想国的象征。有村庄处，必有桑林。"谷雨三朝蚕白头"，谷雨前后，任何人不得去左邻右舍窜门，即便是衙门的官差也不得下乡，以免冲撞了蚕神。等蚕上山了，祭过蚕神嫘祖，方才解禁。

我们在调摄养生中不可脱离自然环境变化的轨迹，通过人体内部的调节使内环境与外环境的变化相适应，保持正常的生理功能。《素问·保命全形论》说："人以天地之气生，四时之法成。"这是说人生于天地之间，自然界中的变化必然会直接或间接地对人体的内环境产生影响，保持内、外环境的平衡协调是避免、减少发生疾病的基础。谷雨这个节气后降雨增多，空气中的湿度逐渐加大，人体在这段时间颇显困乏，但人体的消化功能正处在旺盛时期，所以正是使身体受到补益的大好时机，应适时进补补血益气的食物，增加身体抗病的能力，是健康度夏的有效方法。

夏季的节气

立夏

每年公历5月5日或6日，太阳到达黄经45度为"立夏"节气。立夏分为三候："一候蝼蝈鸣；二候蚯蚓出；三候王瓜生。"就是说这一节气中首先可听到蝲蝲（即：蝼蛄）在田间的鸣叫声（一说是蛙声），接着大地上便可看到蚯蚓掘土，然后王瓜的蔓藤开始快速攀爬生长。我国自古习惯以立夏作为夏季的开始，《月令七十二候集解》中说："立，建始也"，"夏，假也，物至此时皆假大也。"这里的"假"，即"大"的意思。实际上，若按气候学的标准，日平均气温稳定升达22℃以上为夏季开始，"立夏"前后，只有福州到南岭一线以南地区真正进入夏季，而东北和西北的部分地区这时则刚刚进入春季，全国大部分地区平均气温在18～20℃上下，正是"百般红紫斗芳菲"的美好季节。

图42　农民画《立夏》

立夏时节，万物繁茂。明人《遵生八笺》一书中写有："孟夏之日，天地始交，万物并秀。"这时夏收作物进入生长后期，冬小麦扬花灌浆，油菜接近成熟，夏收作物年景基本定局，故农谚有"立夏看夏"之说。水稻栽插以及其他春播作物的管理也进入了大忙季节。所以，古人很重视立夏节气。据载，周代时，立夏这天，帝王要亲率文武百官到郊外"迎夏"，并指令司徒等官员去各地勉励农民抓紧耕作。全国各地立夏的农谚有：

立夏麦龇牙，一月就要拔。

立夏麦咧嘴，不能缺了水。

小麦开花虫长大，消灭幼虫于立夏。

季节到立夏，先种黍子后种麻。

立夏种姜，夏至收"娘"。

谷子立了夏，生长靠锄把。

立夏各地有许多有趣的风俗，较为普遍的是秤人。在村口或台门里挂起一杆大木秤，秤钩悬一凳子，大家轮流坐到凳子上面秤人。司秤人一面打秤花，一面讲着吉利话。秤老人要说："秤花八十七，活到九十一。"秤姑娘说："一百零五斤，员外人家找上门。勿肯勿肯偏勿肯，状元公子有缘分。"秤小孩则说："秤花一打二十三，小官人长大会出山。七品县官勿犯难，三公九卿也好攀。"打秤花只能里打出（即从小数打到大数），不能外打里。至于这一风俗的由来，民间相传与孟获和刘阿斗的故事有关。据说孟获被诸葛亮收服，归顺蜀国之后，对诸葛亮言听计从。诸葛亮临终嘱托孟获每年要来看望蜀主一次。诸葛亮嘱咐之日，正好是这年立夏，孟获当即去拜阿斗。从此以后，每年夏日，孟获都履行诺言来蜀拜望。过了数年，晋武帝司马炎灭掉蜀国，掳走阿斗。而孟获不忘丞相之托，每年立夏带兵去洛阳看望阿斗，每次去则都要秤阿斗的重量，以验证阿斗是否被晋武帝亏待。他扬言如果亏待阿斗，就要起兵反晋。晋武帝为了迁就孟获，就在每年立夏这天，用糯米加豌豆煮成饭给阿斗吃。阿斗见豌豆糯米饭又黏又香，就加倍吃下。孟获进城秤人，每次都比上年重几斤。阿斗虽然没有什么本领，但有孟获立夏秤人之举，晋武帝也不敢欺侮他，日子也过得清静安乐，福寿双全。这一传说，虽与史实有异，但是充分体现了百姓的希望，即拥有"清静安乐，福寿双全"的太平世界。

中医认为夏季与心气相通，有利于心脏的生理活动。顺四时是养生的首要

图44 明仇英绘《曲水流觞图》

原则，因此，要顺应节气的变化，注意养心脏。虽说夏季到来了，天气逐渐炎热，温度明显升高，但此时早晚间仍比较凉，日夜温差仍较大，早晚要适当添衣。另外进入立夏后，昼长夜短更为明显，此时顺应自然界阳盛阴虚的变化，睡眠方面也应相对"晚睡"、"早起"，以接受天地的清明之气，但仍应注意睡好"子午觉"，尤其要适当午睡，以保证饱满的精神状态以及充足的体力。立夏后人们会有烦躁不安的感觉，因此立夏养生要做到"戒怒戒躁"，切忌大喜大怒，要保持精神安静，情志开怀，心情舒畅，安闲自乐，笑口常开。做一些如绘画、钓鱼、书法、下棋、种花等活动。立夏后，随着气温升高，容易汗出。"汗"为心之液，要注意不可过度出汗，运动后要适当饮温水，补充体液。运动不要过于剧烈，可选择相对平和的运动如太极拳、太极剑、散步、慢跑等。此时的饮食原则是增酸减苦，补肾助肝，调养胃气。饮食宜清淡，以低脂、易消化、富含纤维素为主，多吃蔬果、粗粮。可多吃鱼、鸡、瘦肉、豆类、芝麻、洋葱、小米、玉米、山楂、枇杷、杨梅、香瓜、桃、木瓜、西红柿等；少吃动物内脏、肥肉等，少吃过咸的食物，如咸鱼、咸菜等。

小满

每年公历5月21日或22日，太阳到达黄经60度时为小满。小满有三候："一候苦菜秀，二候靡草死，三候麦秋至。"初候苦菜花开呈现一种秀丽的景色；二候时蔓草开始枯死；三候是指麦子快要到收获的季节，记载中又叫做麦秋。原为小暑至，后《金史·志》改麦秋至。《月令》："麦秋至，在四月；小暑至，在五月。小满为四月之中气，故易之。秋者，百谷成熟之时，此于时虽夏，于麦则秋，故云麦秋也。"《月令七十二候集解》："四月中，小满者，物至于此小得盈满。"这时全国北方地区麦类等夏熟作物籽粒已开始饱满，但还没有成熟，约相当乳熟后期，所以叫小满。此时宜抓紧麦田虫害的防治，预防干热风和

图45 农民画《小满》

突如其来的雷雨大风的袭击。南方宜抓紧水稻的追肥、耘禾，促进分蘖，抓紧晴天进行夏熟作物的收打和晾晒。小满以后，黄河以南到长江中下游地区开始出现35℃以上的高温天气，应注意防暑。全国各地小满的农谚有：

小满小满，麦粒渐满。

小满天天赶，芒种不容缓。

小满不起蒜，留在地里烂。

小满后，芒种前，麦田串上粮油棉。

小满过后温度升，时时注意防鱼病。

抢水与祭车神是行于浙江海宁一带小满节气的民间习俗。旧时水车车水排灌为农村大事，谚云："小满动三车（三车指的是丝车、油车、水车）"，水车于小满时启动。此前，农户以村圩为单位举行"抢水"仪式，有演习之意。多由年长执事者约集各户，确定日期，安排准备，至是日黎明群行出动，燃起火把于水车基上吃麦糕、麦饼、麦团，待执事者以鼓锣为号，群以击器相

图46　元代程棨绘《耕织图·灌溉》

和，足踏小河岸上事先装好的水车，数十辆一齐踏动，把河水引灌入田，至河浜水光方止。祭车神亦为农村古俗。传说"车神"为白龙，农家在车水前，于车基上置鱼肉、香烛等祭拜之，特殊之处为祭品中有白水一杯，祭时泼入田中，有祝愿水源涌旺之意。习俗表明了农民对水利排灌的重视。

小满节气正值五月下旬，气温明显增高，如若贪凉卧睡必将引发风湿症、湿性皮肤病等疾病。中医在小满节气的养生中，特别提出"未病先防"的养生观点。就是在未病之前，做好各种预防工作，以防止疾病的发生。在未病先防的养生中仍然强调：天人相应的整体观和正气内存，邪不可干的病理观。认为人体是一个有机的整体，人与外界环境也是息息相关的，并提出人类必须掌握自然规律，顺应自然界的变化，保持体内外环境的协调，才能达到防病保健的目的。还认为疾病的发生，关系到正气与邪气两个方面的因素。邪气是导致疾病发生的重要条件，而人体的正气不足则是疾病发生的内在原因，但不否定外界致病因素在特殊情况下的主导作用。因此，"治未病"应该从增

图47　清张若澄绘《渔家乐事图卷》

图48　小满吃苦菜

强机体的正气和防止病邪的侵害两方面入手。

小满节气应注意预防内热，有两种方法：一是多饮水，以温开水为好，可促进新陈代谢，排出体内的内热。但不要用饮料来代替，尤其是橙汁，因为橙汁多喝可生热生痰，加重内热；二是多吃蔬菜和水果，比如：冬瓜、苦瓜、丝瓜、芦笋、水芹、黑木耳、藕、萝卜、西红柿、西瓜、梨、香蕉等，这些都具有清热泻火的作用。此外，还可补充人体所必需的维生素、蛋白质等，忌食肥甘厚味、辛辣助热之品，比如：动物脂肪、海鲜鱼类、生葱、生蒜、辣椒、韭菜、海虾、牛羊狗肉等。

芒种

每年公历6月5日或6日，太阳到达黄经75度时为芒种节气。芒种分为三候："一候螳螂生；二候䴗始鸣；三候反舌无声。"也就是说前一年深秋产下的螳螂卵，因感受到阴气初生而破壳生出小螳螂；喜阴的伯劳鸟开始在枝头出现，并且感阴而鸣；与此相反，能够学习其他鸟鸣叫的反舌鸟，却因感应到了阴气的出现而停止了鸣叫。《月令七十二候集解》："五月节，谓有芒之种谷可稼种矣。"意指大麦、小麦等有芒作物种子已经成熟，抢收十分急迫。晚谷、黍、稷等夏播作物也正是播种最忙的季节，故又称"芒种"。春争日，夏争时，"争时"即指这个时节的收种农忙。人们常说"三夏"大忙季节，即指

图49　农民画《芒种》

忙于夏收、夏种和春播作物的夏管。比如陕西、甘肃、宁夏是"芒种忙忙种，夏至谷怀胎"。广东是"芒种下种、大暑莳(莳指移栽植物)"。江西是"芒种前三日秧不得，芒种后三日秧不出"。贵州是"芒种不种，再种无用"。福建是"芒种边，好种籼，芒种过，好种糯"。江苏是"芒种插得是个宝，夏至插得是根草"。山西是"芒种芒种，样样都种"。从以上农事可以看出，到芒种节，我国从南到北都在忙种了，农忙季节已经进入高潮。

全国各地芒种农谚有：

芒种忙，麦上场。

麦到芒种谷到秋，豆子寒露用镰钩，骑着霜降收芋头。

芒种打火（掌灯）夜插秧，抢好火色多打粮。

芒种现蕾，带桃入伏。

选种忙几天，增产一年甜。

芒种端阳前，处处有荒田；芒种端阳后，处处有酒肉。

"芒种夏至天，走路要人牵；牵的要人拉，拉的要人推。"

短短几句话，反应了夏天人们的通病——懒散。其原因是夏季气温升高，空气中的湿度增加，体内的汗液无法通畅地发散出来，即热蒸湿动，湿热弥漫空气，人身之所及，呼吸之所受，均不离湿热之气。所以，暑令湿胜必多倦感，使人感到四肢困倦，萎靡不振。因此要根据季节的气候特

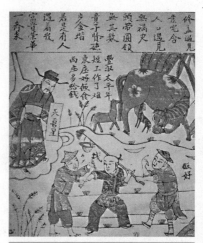

图50　版画《雇工图》

征，在精神调养上应该使自己的精神保持轻松、愉快的状态，恼怒忧郁不可有，这样气息得以宣畅，通泄得以自如。

饮食调养方面，唐代孙思邈提倡人们"常宜轻清甜淡之物，大小麦曲，

粳米为佳"，又说："善养生者常须少食肉，多食饭。"在强调饮食清补的同时，告诫人们食勿过咸、过甜。在夏季人体新陈代谢旺盛，汗易外泄，耗气伤津之时，宜多吃能祛暑益气、生津止渴的饮食。老年人因机体功能减退，热天消化液分泌减少，心脑血管不同程度地硬化，饮食宜清补为主，辅以清暑解热护胃益脾和具有降压、降脂功能的食品。

图51 送花神庙

农历二月二花朝节上迎花神。芒种已近五月间，百花开始凋残、零落，民间多在芒种日举行祭祀花神仪式，钱送花神归位，同时表达对花神的感激之情，盼望来年再次相会。此俗今已不存，但从著名小说家曹雪芹的《红楼梦》第二十七回中可窥见一斑："（大观园中）那些女孩子们，或用花瓣柳枝编成轿马的，或用绫锦纱罗叠成干旄旌幢的，都用彩线系了。每一棵树上，每一枝花上，都系了这些物事。满园里绣带飘飘，花枝招展，更兼这些人打扮得桃羞杏让，燕妒莺惭，一时也道不尽。""干旄旌幢"中"干"即盾牌；旄、旌、幢都是古代的旗子。旄是旗杆顶端缀有牦牛尾的旗，旌与旄相似，但不同之处在于它由五彩折羽装饰，幢的形状为伞状。由此可见大户人家芒种节为花神饯行的热闹场面。

图52 现代画《黛玉葬花图》

夏至

每年的公历6月21日或22日，为夏至日。夏至这天，太阳直射地面的位置到达一年的最北端，几乎直射北回归线（北纬23°26′28″44），北半球的白昼达最长，且越往北越长。夏至，古时又称"夏节"、"夏至节"。夏至日，人们通过祭神以祈求灾消年丰。《周礼·春官》载："以夏日至，致地方物魈。"周代夏至祭神，意为清除疫疠、荒年与饥饿死亡。《史记·封禅书》记载：

图53 仿清帝祭地大典

"夏至日，祭地，皆用乐舞。"夏至作为古代节日，宋代在夏至之日始，百官放假三天，辽代则是"夏至日谓之'朝节'，妇女进彩扇，以粉脂囊相赠遗"（《辽史》），清代又是"夏至日为交时，日头时、二时、末时，谓之'三时'，居人慎起居、禁诅咒、戒剃头，多所忌讳……"（《清嘉录》），直至清代夏至日仍放假一天。

夏至分为三候："一候鹿角解；二候蝉始鸣；三候半夏生。"糜与鹿虽属同科，但古人认为，二者一属阴一属阳。鹿的角朝前生，所以属阳。夏至日阴气生而阳气始衰，所以阳性的鹿角便开始脱落。而糜因属阴，所以在冬至日角才脱落；雄性的知了在夏至后因感阴气之生便鼓翼而鸣；半夏是一种喜阴的药草，因在仲夏的沼泽地或水田中出生所以得名。由此可见，在炎热的仲夏，一些喜阴的生物开始出现，而阳性的生物却开始衰退了。

图54 农民画《夏至》

图55 夏至面

夏至时节各种农田杂草和庄稼一样生长很快，不仅与作物争水争肥争阳光，而且是多种病菌和害虫的寄主，因此农谚说："夏至不锄根边草，如同养下毒蛇咬。"抓紧中耕锄地是夏至时节极重要的增产措施之一。全国各地夏至农谚有：

芒种夏至是水节，如若无雨是旱天。

芒种栽薯重十斤，夏至栽薯光根根。

夏至大烂，梅雨当饭。

夏至有雨三伏热，重阳无雨一冬晴。

夏至东风摇，麦子坐水牢。

夏至伏天到，中耕很重要，伏里锄一遍，赛过水浇园。

夏季蚊虫繁殖，雨水多，易感染痢疾等肠道疾病，因此在夏令饮食中有吃大葱、大蒜习俗。明李时珍《本草纲目》认为大蒜有"通五脏，达诸窍，去寒湿，避邪恶，消肿痛，化癥积肉食"之效。古人对于夏季的养生是很有讲究的。《素问·四气调神大论》曰："使志无怒，使华英成秀，使气得泄，若所爱在外，此夏气之应，养长之道也。"就是说，夏季要神清气和，快乐欢畅，心胸宽阔，精神饱满，如万物生长需要阳光那样，对外界事物要有浓厚的兴趣，培养乐观外向的性格，以利于气机的通泄。与此相反，举凡懈怠厌倦，恼怒忧郁，则有碍气机通跳，皆非所宜。嵇康《养生论》对炎炎夏季的养生有其独到之见，认为夏季炎热，"更宜调息静心，常如冰雪在心，炎热亦于吾心少减，不可以热为热，更生热矣"。即"心静自然凉"，这里所说就是夏季养生法中的精神调养。

图56 地坛牌楼

地坛祭地是夏至节重要内容。祭地制度起源于原始农业和自然崇拜，据文字记载已有4000多年的历史。最初是在树林间空地的土丘上举行，后来发展成用土筑坛，并演变成典章制度中最重要的内容。在殷商甲骨文里已有对社土的祭祀，为的是祈求农作物的丰收。《周礼》中就有"夏至日祭地祇于泽中方丘"的记载。汉武帝开始立庙祭祀，在汾河与黄河交汇处，古称汾阴（现山西省万荣县）的地方建后土祠。西汉末年按阴阳方位在长安城北郊建祭地之坛。此后虽历代礼制不同，有时天地分祀，有时天地合祀，但均在都城建有祭地之坛。金代建中都城时在通玄门外（今复兴门外会成门东北）建北郊方丘，是北京史上第一座祭地之坛。现在的地坛建成于明嘉靖九年(1530)，为北京五坛中的第二大坛，坐落在京城北安定门外东侧，依"南乾北坤"之说与天坛遥相对应。是一座庄严肃穆、古朴幽雅的皇家坛庙，是明清两代祭祀"皇地祇神"之场所，是中国历史上连续祭祀时间最长的一座地坛。明清两代帝王每逢夏至这一天，到此进行皇家祭祀活动，企盼在帝王的统治下风调雨顺、国泰民安。自1531年至1911年，先后有明清两代的15位皇帝在此连续祭地长达381年，其中正祭皇帝亲祭174次，恭代207次。明清两朝的吉礼祀典分为大祀、中祀、群祀三等，祭祀皇地祇神为最高等级的大祀。祭地大典每年夏至举行。古人认为这一天"阳气至极，阴气始至"，所以选在这一天祭祀属于阴性的皇地祇。祭地礼仪与祭天礼仪大致相近，依次为迎神、奠玉帛、进俎、初献、读祝、亚献、终献、受福胙、彻馔、送神、望瘗、礼成。进行中各奏乐章一章，初献至终献时分别舞武功之舞和文德之舞。但不同的是不用燔燎而用瘗埋，即祭后挖坎穴将牺牲等祭品埋入土中，祭地用的牺牲取黝黑之色，用玉为黄琮，黄色象土，琮为方形象地。整个祭祀过程十分隆重，不但祭品丰富，礼仪复杂，而且场面宏大，期间皇帝需跪拜70余次，耗时约一个时辰。

小暑

每年公历7月7日或8日视太阳到达黄经105度时为小暑。古代将小暑分为三候："一候温风至；二候蟋蟀居宇；三候鹰始鸷。"小暑时节大地上便不再有一丝凉风；由于炎热，蟋蟀离开了田野，到庭院的墙角下以避暑热；老鹰因地面气温太高而在清凉的高空中活动。《月令七十二候集解》："六月节……暑，热也，就热之中分为大小，月初为小，月中为大，今则热气犹小也。"暑，表示炎热的意思，古人认为小暑期间，还不是一年中最热的时候，故称为小暑。也有节气歌谣曰："小暑不算热，大暑三伏天。"指出一年中最热的时期已经到来，但还未达到极热的程度。《汉书·郊祀志》注中说："伏者，谓阴气将起，迫于残阳而未得升。故为藏伏，因名伏日。"夏至后的第三个庚日的时候开始入伏，俗话说："小暑大暑紧相连，气温升高热炎炎。"这段时间叫数伏天。

图57 农民画《小暑》

伏天的说法历史相当久远，起源于春秋时期的秦国，《史记·秦纪六》中云："秦德公二年(公元前676)初伏。"唐人张守节曰："六月三伏之节，起秦德公为之，故云初伏，伏者，隐伏避盛暑也。"入伏以后，暴雨易形成洪水，称为"伏汛"。农谚说："小暑大暑淹死老鼠"、"福雨淋淋农民喜，小暑防洪别忘记"。因此，数伏天气既要防暑，又要防汛。全国各地小暑农谚有：

　　小暑小禾黄。

　　小暑南风，大暑旱。

　　大暑小暑，有米懒煮。

　　小暑热得透，大暑凉飕飕。

　　预先不清淤，水到来不及。

　　民间有着很多食俗，小暑"食新"就是其中之一。即在小暑

图58 《台湾风俗物产册·射鱼》

过后尝新米，农民将新割的稻谷碾成米后，做好饭供祀五谷大神和祖先，然后人人吃新。城市一般买少量新米与老米同煮，加上新上市的蔬菜等。所以，民间有小暑吃黍，大暑吃谷之说。伏天民谚有"头伏萝卜二伏菜，三伏还能种荞麦"，"头伏饺子，二伏面，三伏烙饼摊鸡蛋"。头伏吃饺子是传统习俗，伏日人们食欲不振，往往比常日消瘦，俗谓之苦夏，而饺子是开胃解馋的食物。伏日吃面习俗至少三国时期就已开始了。《魏氏春秋》："伏日食汤饼，取巾拭汗，面色皎然"，这里的汤饼就是热汤面。《荆楚岁时记》中说："六月伏日食汤饼，名为辟恶。"五月是恶月，六月亦沾恶月的边儿，故也应"辟恶"。伏天还可吃过水面、炒面。所谓炒面是用锅将面粉炒干炒熟，然后用水加糖

图59 清金廷标绘《莲塘纳凉图》

拌着吃，这种吃法汉代已有，唐宋时更为普遍，不过那时是先炒熟麦粒，然后再磨面食之。唐代医学家苏恭说，炒面可解烦热、止泄、实大肠。徐州人入伏吃羊肉，称为"吃伏羊"，这种习俗可上溯到尧舜时期，在民间有"彭城伏羊一碗汤，不用神医开药方"之说法。民间还有小暑吃藕的习俗，藕具有清热、养血、除烦等功效，适合夏天食。用鲜藕以小火煨烂，切片后加适量蜂蜜，可随意食

用，有安神入睡的功效，可治血虚失眠。

养生保健专家说，夏季情感障碍症的发生与气温、出汗、饮食情况和睡眠时间有密切关系。当环境气温超过35℃，日照时间超过12小时，湿度高于80％时，情感障碍发生率明显上升，加上出汗增多，人体内的钙、镁、钾、钠等电解质代谢出现障碍，影响大脑神经活动，从而产生情绪、心境和行为方面的异常。有研究数据表明，16％的正常人会因高温而乱发脾气。约有10％的人会出现情绪、心境和行为异常。天气太热，导致大量出汗，加上睡眠和食欲不好，以及工作压力大，很容易令人发生情绪和行为方面的异常，造成"情绪中暑"。"情绪中暑"的主要症状是心情烦躁，易动肝火，好发脾气，思维紊乱，行为异常，对事物缺少兴趣，不少人常因一些鸡毛蒜皮的小事而大动肝火，注意力不集中，容易健忘。为了预防"情绪中暑"，养生专家建议，天热时，要保证充足睡眠。当环境温度超过33℃时，要减少工作量或暂停工作，不要做剧烈运动，以免造成体能消耗过多，有损身体新陈代谢。情感障碍患者要时刻注意增加营养，食物以清淡、易消化为好，少吃油腻、辛辣的食物，多吃祛火的食物，少饮烈酒，少抽烟。

图60　清陈枚绘《月曼清游图册·碧池采莲》

大暑

每年公历7月23日或24日太阳到达黄经120度时为"大暑"节气。古代将大暑分为三候："一候腐草为萤；二候土润溽暑；三候大雨时行。"世上萤火虫约有2 000多种，分水生与陆生两种，陆生的萤火虫产卵于枯草上，大暑时，萤火虫卵化而出，所以古人认为萤火虫是腐草变成的；是说天气开始变得闷热，土地也很潮湿；说的是时常有大雷雨会出现，这大雨使暑湿减弱，天气开始向立秋过渡。"大暑"与"小暑"一样，都是反映夏季炎热程度的节令，"大暑"表示炎热至极。《月令七十二候集解》："六月中，……暑，热也，就热之中分为大小，月初为小，月中为大，今则热气犹大也。"这时正值"中伏"前后，全国大部分地区进入一年中最热时期，也是喜温作物生长最快的时期，但旱、涝、台风等自然灾害发生频繁，抗旱、排涝、防台风和田间管理等任务很重。大暑也是雷阵雨最多的季节，有谚语说："东闪无半滴，西闪走不及。"人们也常把夏季午后的雷阵雨称之为"西北雨"，并形容"西北雨，落过无车路"。"夏雨隔田埂"及"夏雨隔牛背"等，形象地说明了雷阵雨，常常是这边下雨那边晴，正如唐代诗人刘禹锡的诗句："东边日出西边雨，道是无晴却有晴。"

图61　农民画《大暑》

全国各地大暑的农谚有：

遇到伏旱，赶快浇灌，单靠老天，就要减产。

大暑前后，衣裳溻透。

大暑来，种芥菜。

过了大暑不种芥，过了小暑不种豆。

葱怕雨淋韭怕晒，伏里有雨好种麦。

大暑有雨米满缸，大暑无雨空米缸。

图62　山西博物馆收藏的明代绘画《灌溉图》

大暑节气各地都有不同的习俗，鲁南地区有在这一天"喝暑羊"（即喝羊肉汤）的习俗。在山东省枣庄市，不少市民大暑这天到当地的羊肉汤馆"喝暑羊"。这个习俗和中医的养生说法一致。"大暑船"活动在浙江台州沿海已有几百年的历史。"大暑船"完全按照旧时的三桅帆船缩小比例后建造，长8米、宽2米、重约1.5吨，船内载各种祭品。活动开始后，50多名渔民轮流抬着"大暑船"在街道上行进，鼓号喧天，鞭炮齐鸣，街道两旁站满祈福人群。"大暑船"最终被运送至码头，进行一系列祈福仪式。随后，这艘"大暑船"被渔船拉出渔港，然后在大海上点燃，任其沉浮，以此祝福人们五谷丰登，生活安康。

福建莆田大暑节那天，有吃荔枝的习俗，叫做"过大暑"。荔枝含有大量的葡萄糖和多种维生

图63　王翚等绘《康熙帝南巡图卷·治河场面》

图64　羊　汤

素，富有营养价值，所以吃鲜荔枝可以滋补身体。先将鲜荔枝浸于冷井水之中，大暑节气一到便取出品尝。这时吃荔枝，最惬意、最滋补。

广东有大暑吃仙草的习俗。仙草又名凉粉草、仙人草，唇形科仙草属草本植物，为重要的药食两用植物。由于其神奇的消暑功效，被誉为"仙草"。

茎叶晒干后可以做成烧仙草，广东一带叫凉粉，是一种消暑的甜品。本身也可入药，具有清热解毒的功效。民谚：六月大暑吃仙草，活如神仙不会老。

暑天，运用饮食的营养作用养生益寿，是减少疾病、防止衰老的有效保证。夏季的饮食调养是以暑天的气候特点为基础，由于夏令气候炎热，易伤津耗气，因此常可选用药粥滋补身体。

图65　节令食品——西瓜

《医药六书》赞："粳米粥为资生化育坤丹，糯米粥为温养胃气妙品。"可见粥养对人之重要。药粥虽说对人体有益，也不可通用，要根据每人的不同体质、疾病，选用适当的药物，配制成粥方可达到满意的效果。夏季养生，水也是人体内十分重要的不可缺少的健身益寿之物。传统的养生方法十分推崇饮用冷开水。实验结果也表明。一杯普通的水烧开后，盖上盖子冷却到室温。这种冷开水在其烧开被冷却过程中，氯气比一般自然水减少了1/2，水的表面张力、密度、黏滞度、导电率等理化特性都发生了改变，很近似生物活性细胞中的水，因此容易透过细胞而具有奇妙的生物活性。根据民间经验，实验结果，每日清晨饮用一杯新鲜凉开水，几年之后，就会出现神奇的益寿之功。日本医学家曾经对460名65岁以上的老人做过调查统计，5年内坚持每天清晨喝一杯凉开水的人中，有82%的老人其面色红润，精神饱满，牙齿不松，每日能步行10公里，在这些人中也从未得过大病，由此说来水对人体之重要。

秋季的节气

立秋

每年公历8月7日或8日太阳到达黄经135度时为立秋。古代将立秋分为三候："一候凉风至；二候白露生；三候寒蝉鸣。"是说立秋过后，刮风时人们会感觉到凉爽，此时的风已不同于暑天中的热风；接着，大地清晨会有雾气产生；并且秋天感阴而鸣的寒蝉也开始鸣叫。《月令七十二候集解》："七月节，立字解见春（立春）。秋，揪也，物于此而揪敛也。"古人把立秋当作夏秋之交的重要时刻，一直很重视这个节气。在周代，是日天子亲率三公、九卿、诸侯、大夫，到西郊迎秋，并举行祭祀仪式①。汉代仍承此俗。《后汉书·祭祀志》："立秋之日，迎秋于西郊，祭白帝蓐收，车旗服饰皆白，歌《西皓》、八佾舞《育命》之舞。"并有"天子入圃射牲，以祭宗庙，名曰貙刘。"杀兽以祭，表示秋来扬武之意。到了唐代，每逢立秋日，也祭祀五帝。

图66　农民画《立秋》

《新唐书·礼乐志》："立秋立冬祀五帝于四郊。"宋代立秋这天，宫内要把栽在盆里的梧桐移入殿内，等到"立秋"时辰一到，太史官便高声奏道："秋来了。"奏毕，梧桐应声落下一两片叶子，寓报秋之意。明承宋俗。清代在立秋节这天，悬秤称人，和立夏日所秤之数相比，以验夏中之肥瘦。民国以来，在广大农村中，在立秋这天的白天或夜晚，有预卜天气

① 见《礼祀·月令》。

凉热之俗。还有以西瓜、四季豆尝新、祭祖的风俗。

立秋一般预示着炎热的夏天即将过去，秋天即将来临。虽然一时暑气难消，还有"秋老虎"的余威，但总的趋势是天气逐渐凉爽。由于全国各地气候不同，秋季开始时间也不一致。

立秋前后各种农作物生长旺盛，中稻开花结实，单晚圆秆，大豆结荚，玉米抽雄吐丝，棉花结铃，甘薯薯块迅速膨大，对水分要求都很迫切，受旱会给农作物最终收成造成难以补救的损失。所以有"立秋三场雨，秕稻变成米"、"立秋雨淋淋，遍地是黄金"之说。同时也是棉花保伏桃、抓秋桃的重要时期，"棉花立了秋，高矮一齐揪"，除对长势较差的田块补施一次速效肥外，打顶、整枝、去老叶、抹赘芽等要及时跟上，以减少烂铃、落铃，促进正常成熟吐絮。茶园秋耕要尽快进行，农谚说："七挖金，八挖银"，可以消灭杂草，疏松土壤，提高保水蓄水能力，若再结合施肥，可使秋梢长得更好。立秋前后，华北地区的大白菜要抓紧播种，以保证在低温来临前有足够的热量条件，争取高产优质。播种过迟，生长期缩短，菜棵生长小、包心不坚

图67　清佚名绘《通惠河漕运图》

实。立秋时节也是多种作物病虫集中危害的时期，要加强预测预报和防治。全国各地立秋农谚有：

早秋丢，晚秋收，中秋热死牛。

立秋三场雨，秕稻变成米。

立秋十日割早黍，处暑三日无青穆。

立秋的蕾，白露的花，温高霜晚收棉花，温低霜早就白搭。

立秋播种，处暑移栽，白露晒盘，秋分拢帮，寒露平口，霜降灌心，立冬砍菜。

秋风一起，胃口大开，想吃点好的，增加一点营养，补偿夏天的损失，补的办法就是"贴秋膘"。在立秋这天吃各种各样的肉，炖肉、烤肉、红烧肉等，"以肉贴膘"。秋季气候干燥，夜晚虽然凉爽，但白天气温仍较高，所以根据"燥则润之"的原则，应以养阴清热、润燥止渴、清新安神的食品为

图68　清焦秉贞绘《耕织图·祭神》

主，可选用芝麻、蜂蜜、银耳、乳品等具有滋润作用的食物。秋季空气中湿度小，皮肤容易干燥。因此，在整个秋季都应重视机体水分和维生素的摄入。要根据秋季的特点来科学地摄取营养和调整饮食，以补充夏季的消耗，并为越冬做准备。

立秋之际各地有不少习俗。"秋社"原是秋季祭祀土地神的日子，始于汉代，后世将秋社定在立秋后第五个戊日。此时收获已毕，官府与民间皆于此日祭神答谢。宋代秋社有食糕、饮酒、妇女归宁之俗。

唐韩偓《不见》诗："此身愿作君家燕，秋社归时也不归。"在一些地方，至今仍流传有"做社"、"敬社神"、"煮社粥"的说法。

图69　清董诰绘《万亩登丰图卷》局部

秋天，特别是秋忙前后，秋种秋收，忙得不亦乐乎！但忙中也有乐趣，常见一些青年人和十余岁的孩子，在苞谷、谷子、糜子生长起来以后，特别是苞谷长成一人高，初结穗儿的时候，田间正是他们玩耍、做游戏的场所。他们把嫩苞谷穗掰下来，在地下挖孔土窑，留上烟囱，就是一个天然的土灶，然后把嫩苞谷穗放进去，到处拾柴禾，苞谷顶花就是很好的燃料，加火去烧。一会儿全窑的苞谷穗全被烧熟了，丰硕的苞谷宴，就在田间举行。他们还上树捉麻雀蛋，就地打兔子，能吃的野味很多，都可以在野地的锅里，烧制出来。有荤有素，百味俱全。他们还把打来的柿子，弄来的红苕，放在土窑洞里，温烧一个时辰，柿子、红苕就会变的又香又甜。这种秋田里的乐趣，现如今却越来越少见了。

处暑

　　每年公历 8 月 23 日前后，太阳到达黄经 150 度时，是二十四节气的处暑。处暑是反映气温变化的一个节气。"处"含有躲藏、终止意思，处暑表示炎热暑天结束了。《月令七十二候集解》说："处，去也，暑气至此而止矣。"从处暑开始，我国大部分地区气温逐渐下降。处暑既不同于小暑、大暑，也不同于小寒、大寒节气，它是代表气温由炎热向寒冷过渡的节气。古代将处暑分为三候："一候鹰乃祭鸟；二候天地始肃；三候禾乃登。"是说老鹰开始大量捕猎鸟类；万物开始凋零；"禾乃登"的"禾"指的是黍、稷、稻、粱类农作物的总称，"登"即成熟的意思。节令到了处暑，气温进入了显著变化阶段，逐日下降，已不再暑气逼人。

　　节令的这种变化，自然也在农事上有所

图 70　残　荷

反映。古人留下的大量具有实用价值的谚语，如"一场秋雨一场凉"、"立秋三场雨，麻布扇子高搁起"等，就是对"处暑"时节气候变化的直接描述。处暑以后，大部分地区日温差加大，昼暖夜凉的条件对农作物体内干物质的制造和积累十分有利，庄稼成熟较快，民间有"处暑禾田连夜变"之说。农业专家提醒，黄淮地区及沿江早中稻正成熟收割，这时的连阴雨是主要不利天气。而对于正处于幼穗分化阶段的单季晚稻来说，充沛的雨水又显得十分重要，遇有干旱要及时灌溉，否则导致穗小、空壳率高。此外，还应追施穗粒肥以使谷粒饱满，但追肥时间不可过晚，以防造成贪青迟熟。南方双季晚稻处暑前后即将圆秆，应适时烤田。大部分棉区棉花开始结铃吐絮，这时气温一般仍较高，但阴雨寡照会导致大量烂铃。防止或减轻烂铃要精细整枝、推株并垄，以及摘去老叶，改善通风透光条件。处暑前后，春山芋薯块膨大，夏山芋开始结薯，夏玉米抽穗扬花，都需要充足的水分供应，此时受旱对产量影响十分严

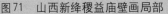

图71　山西新绛稷益庙壁画局部

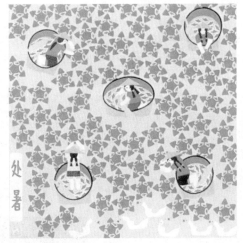

图72　农民画《处暑》

重。从这点上说"处暑雨如金"一点也不夸张。

全国各地处暑农谚有：

处暑雨，粒粒皆是米（稻）。

处暑不出穗，白露不低头。

处暑满地黄，家家修廪仓。

处暑好晴天，家家摘新棉。

处暑花，捡到家；白露花，不归家；白露花，温高霜晚才收花。

处暑栽白菜，有利没有害。

依照自然界规则，秋天阴气增、阳气减，对应人体的阳气也随着内收，为了贮存体内阳气。然而，随着天气转凉，很多人会有懒洋洋的疲劳感，早上不爱起，白天不爱动，这就是"春困秋乏"中所指的"秋乏"。养生专家说要保证充足睡眠，改掉夏季晚睡习惯，保证早睡早起。另外，适当午睡也利于化解秋乏。加强锻炼，以早晚为好。锻炼的方法以经常进行登山、散步、做操等简单运动为好。伸懒腰也可缓解秋乏，特别是下午感到特别疲乏，伸个懒腰就会马上觉得全身舒展。室内养些植物，如盆栽柑橘、吊兰、斑马叶橡皮树、文竹等绿色植物，可以调节室内空气，增加氧含量。绿萝这类叶大且喜水的植物也可以养在卧室内，使空气湿度保持在最佳状态。客厅适宜养植常春藤、无花果、猪笼草等。同时，早晚比较凉了，要注意增加衣服。

夏天结束了，天气逐渐干燥，体内肺经当值，因此中医认为"肺气太盛可克肝木，故多酸以强肝木"。山楂就要下来了，这是时令的水果，应多吃一些。秋天要多吃些滋阴润燥的食物，避免燥邪伤害。保持饮食清淡，不吃或少吃辛辣烧烤食物，少吃油腻的肉食。多吃含维生素的食物，如西红柿、辣椒、茄子、马铃薯、梨等；多吃碱性食物，如苹果、海带以及新鲜蔬菜等。适量增加优质蛋白质的摄入，如鸡蛋、瘦肉、鱼、乳制品及豆制品等。

处暑各地有不少习俗，较为广泛的是放河灯。河灯也叫"荷花灯"，一般是在底座上放灯盏或蜡烛，中元夜放在江河湖海之中，任其漂泛。放河灯是为了普渡水中的落水鬼

图73　处暑放河灯

和其他孤魂野鬼。肖红《呼兰河传》中的一段文字，是这种习俗的最好注脚："七月十五是个鬼节；死了的冤魂怨鬼，不得托生，缠绵在地狱里非常苦，想托生，又找不着路。这一天若是有个死鬼托着一盏河灯，就得托生。"

处暑吃鸭子，老鸭味甘性凉，因此民间有处暑吃鸭子的传统，做法也五花八门，有白切鸭、柠檬鸭、子姜鸭、烤鸭、荷叶鸭、核桃鸭等。北京至今还保留着这一传统，一般处暑这天，有些北京人仍会到食品店去买鸭子或去饭店吃烤鸭。

白露

每年公历9月8日前后，太阳到达黄经165度时，是"白露"节气。"白露"是反映自然界气温变化的节令。露是这个节气后特有的一种自然现象。古代将白露分为三候："一候鸿雁来；二候元鸟归；三候群鸟养羞。"是说此时鸿雁与燕子等候鸟南飞避寒，百鸟开始贮存干果粮食以备过冬。天气正如《礼记》中所云的"凉风至，白露降，寒蝉鸣。"据《月令七十二候集解》对"白露"的诠释——"水土湿气凝而为露，秋属金，金色白，白者露之色，而气始寒也。"节气至此，由于天气逐渐转凉，白昼阳光尚热，然太阳一归山，气温便很快下降，至夜间空气中的水汽便遇冷凝结成细小的水滴，非常密集地附着在花草树木的绿色茎叶或花瓣上，呈白色，尤其是经早晨的太阳光照射，更加晶莹剔透、洁白无瑕，煞是惹人喜爱，因而得"白露"美名。此时天高云淡，气爽风凉，可谓是一年之中最可人的时节。

图74　农民画《白露》

　　经过一个春夏的辛勤劳作之后，人们迎来了瓜果飘香、作物成熟的收获季节。辽阔的东北平原开始收获大豆、谷子、水稻和高粱，西北、华北地区的玉米、白薯等大秋作物正在成熟，棉花产区也进入了全面的分批采摘阶段。这时的田野，一眼望去，高粱如火，棉花似云，大豆咧开了嘴，荞麦笑弯了腰。农谚中"白露高粱秋分豆"、"白露前后看，莜麦、荞麦收一半"是真实的素描。从白露开始，西北、东北地区的冬小麦已开始播种，华北冬小麦的播种也即将开始。全国各地呈现出一片"三秋"大忙的景象。全国各地白露农谚有：

　　　　白露种高山，秋分种平川，寒露种沙滩。

　　　　白露谷，寒露豆，花生收在秋分后。

　　　　白露田间和稀泥，红薯一天长一皮。

　　　　白露播得早，就怕虫子咬。

　　　　喝了白露水，蚊子闭了嘴。

　　白露是典型的秋天节气，天气渐凉，谚语说："过了白露节，夜寒日里热。"是说白露时白天夜里的温差很大。古语说："白露节气勿露身，早晚要

图75　宋梁凯绘《耕织图》

叮咛"，意在提醒人们，此时再打赤膊容易着凉。白露时节，支气管哮喘发病率很高，因此要做好预防工作。此时秋高气爽，正是人们外出旅游的大好时光。但是，常有不少游客在旅游期间出现类似"感冒"的症状，其实不一定是"感冒"，可能是"花粉热"。养生专家也提醒我们，白露时节要防止鼻腔

疾病、哮喘病和支气管病的发生。特别是因体质过敏而引发上述疾病的患者，在饮食调节上更要慎重，平时要少吃或不吃鱼虾海腥、生冷炙烩腌菜和辛辣酸咸甘肥的食物。还要预防秋燥，燥邪伤人，容易耗人津液，而出现口干、唇干、鼻干、咽干及大便干结、皮肤干裂等症状。预防秋燥的方法很多，可适当地多服一些富含维生素的食品，也可选用宣肺化痰、滋阴益气的中药，对缓解秋燥有良效。

图76　清人绘《草原生活图》

白露节气的风俗颇多，福州有"白露必吃龙眼"的说法。民间的意思为，在白露这一天吃龙眼有大补身体的奇效，吃一颗龙眼相当于吃一只鸡那么补，虽有些夸张，不过还是有一些道理的。因为龙眼本身就有益气补脾，养血安神，润肤美容等多种功效，还可以治疗贫血、失眠、神经衰弱等多种疾病，而且白露之前的龙眼个个硕大，核小甘甜，口感极好，所以白露吃龙眼是再好不过的了。

图77　禹王庙

老南京人都十分青睐"白露茶"，此时的茶树经过夏季的酷热，白露前后正是它生长的极好时期。白露茶既不像春茶那样鲜嫩，不经泡，也不像夏茶那样干涩味苦，而是有一种独特甘醇清香味，尤受老茶客喜爱。出白露节气是太湖人祭祀禹王的日子。禹王就是神话传说中治水的大禹，渔人称他为"水路菩萨"。祭祀禹王的中心地点在太湖中心偏西、面积约40余亩的平台山。其上有禹王庙，又称水平王庙。此庙建于何时不详，有明朝大学士王鏊题书刻石。祭祀香会每年4期，分别在正月初八、清明、七月初七、白露进行。其中清明、白露的春秋祭规模最大，春祭6天，秋祭7天。每天都要唱一台戏，每台戏有四出，文戏、武戏各两出，四出戏中必有一出是《打渔杀家》。主持祭祀的人叫祝司，祝司唱神歌（或称赞歌）并请神。请来的不只是禹王，还要请其他的神，城隍、土地、花神、专治稻虫的金姑、蚕花姑娘、宅神、门神、姜太公、家堂老爷等。诸神请来后，祝司便逐一向神敬酒，唱道："造酒尔来是杜康，消愁解闷为最高，劝君更尽一杯酒，与我同消万种愁。"敬酒之后呈上一只盘子，内有米、小麦、甘蔗、荸荠、豆、银洋、糖果、首饰、茶叶等贡品，此为"献宝"。献宝时对每件贡品都要唱颂，如"小麦"："土府埋根过半年，花开深处晚风前，家家看似三月雪，处处离割四月天。"神歌由祝司颂唱，参加祭祀的人齐声合唱，气氛非常热烈。然后，祝司率众人向禹王和诸神叩首，从而结束祭祀仪式。祭祀完成后便开始演戏。

秋分

每年公历9月23日前后，太阳到达黄经180度时，进入秋分节气。秋分与春分一样，都是古人最早确立的节气。按《春秋繁露·阴阳出入上下篇》云："秋分者，阴阳相伴也，故昼夜均而寒暑平。"秋分的意思：其一是按我国古代以立春、立夏、立秋、立冬为四季开始划分四季，秋分日居于秋季90天之中，平分了秋季。其二是此时一天24小时昼夜均分，各12小时。此日同"春分"日一样，阳光几乎直射赤道，此日后，阳光直射位置南移，北半球昼短夜长。

古代将秋分分为三候："一候雷始收声；二候蛰虫坏户；三候水始涸。"古人认为雷是因为阳气盛而发声，秋分后阴气开始旺盛，所以不再打雷了。

图78 秋 韵

图79 农民画《秋分》

第二候中的"坏"字是细土的意思，就是说由于天气变冷，蛰居的小虫开始藏入穴中，并且用细土将洞口封起来以防寒气侵入。"水始涸"是说此时降雨量开始减少，由于天气干燥，水气蒸发快，所以湖泊与河流中的水量变少，一些沼泽及水洼处便处于干涸之中。

秋分时节，长江流域及其以北的广大地区，均先后进入了秋季，北半球得到的太阳辐射越来越少，而地面散失的热量却较多，气温降低的速度明显加快，因此有农谚说："一场秋雨一场寒。"日平均气温都降到了22℃以下。北方冷气团开始具有一定的势力，大部分地区雨季刚刚结束，凉风习习，碧空万里，风和日丽，秋高气爽，丹桂飘香，蟹肥菊黄。秋分是美好宜人的时节，也是农业生产上重要的节气。

秋分至寒露这半个月是秋熟作物灌浆和产量形成的最后关键时期，因此要加强对农作物收获前的田间管理工作。据农业专家讲，中稻要加强后期水浆管理，采用干湿相间的灌溉技术，收获前断水不宜过早，以收获前5～6天断水为宜。这样能提高根系

图80　清宫廷画家绘
《乾隆帝八旬万寿图·农事活动》局部

活力，养根保叶，防止青枯逼熟和早衰瘪谷。适时分期采摘新棉，坚持"四分四快"，就是分收、分晒、分藏、分售和快收、快晒、快拣、快售，以提高品质。制订秋播规划，做好秋播种子余缺调剂和串换工作。三麦、蚕豆播前做好种子精选和处理，并做好发芽试验。油菜精做苗床，9月底前抢播育苗，已播油菜加强苗床管理。茼蒿、菠菜、大蒜、秋马铃薯、洋葱、青菜、蒲芹、黄芽菜等播种定植。在田蔬菜加强田间管理，以延长采收供应期。采收菱角、荷藕和茭白。家畜秋季配种，继续加工贮藏青粗饲料。家禽秋孵。开展畜禽秋季防疫。加强成鱼饲养管理，防治鱼病，增投精料，促进成鱼快长，分期捕捞上市。

图81　清代杨柳青版画《同庆丰年》

全国各地秋分的农谚有：

秋分到寒露，种麦不延误。

秋分糜子寒露谷，到了霜降收秋秋。

淤土秋分前十天不早，沙土秋分后十天不晚。

秋分棉花白茫茫。

秋分种小葱，盖肥在立冬。

秋分牲口忙，运耕耙耧耩。

秋分祭月习俗由来已久，秋分曾是传统的"祭月节"。如古有"春祭日，秋祭月"之说。现在的中秋节则是由传统的"祭月节"而来。据考证，最初"祭月节"是定在"秋分"这一天，不过由于这一天在农历八月里的日子每年不同，不一定都有圆月。而祭月无月则是大煞风景的。所以，后来就将"祭月节"由"秋分"调至中秋。据史书记载，早在周代，古代帝王就有春分祭日、夏至祭地、秋分祭月、冬至祭天的习俗。其祭祀的场所称为日坛、地坛、月坛、天坛。分设在东南西北4个方向。北京的月坛就是明清皇帝祭月的地方。《礼记》载："天子春朝日，秋夕月。朝日之朝，夕月之夕。"这里的夕月之夕，指的正是夜晚祭祀月亮。这种风俗不仅为宫廷及上层贵族所奉行，随着社会的发展，也逐渐影响到民间。

图82　风俗画《秋分祭月图》

图83　月　坛

养生专家认为秋令时节，若坚持适宜的体育锻炼，不仅可以调心养肺，提高内脏器官的功能，而且有利于增强各组织器官的免疫功能和身体对外寒冷刺激的抵御能力。然而，由于秋季早晚温差大，气候干燥，要想收到良好的健身效果，必须注意"四防"一防受凉感冒。秋日清晨气温低，不可穿着单衣去户外活动，应根据户外的气温变化来增减衣服。锻炼时不宜一下脱得太多，应待身体发热后，方可脱下过多的衣服。锻炼后切忌穿着汗湿的衣服在冷风中逗留，以防身体着凉。二防运动损伤。由于人在气温下降环境中会反射性地引起血管收缩，肌肉伸展度明显降低，关节生理活动度减小，神经系统对运动器官调控能力下降，因而极易造成肌肉、肌腱、韧带及关节的运动损伤。因此，每次运动前一定要注意做好充分的准备活动。三防运动过度。秋天是锻炼的好季节，但此时因人体阴精阳气正处在收敛内养阶段，故运动也应顺应这一原则，即运动量不宜过大，以防出汗过多，阳气耗损，运动宜选择轻松平缓、活动量不大的项目。四防秋燥。秋天气候干燥，对于运动者来说，每次锻炼后应多吃些滋阴、润肺、补液、生津的食物，如梨、芝麻、蜂蜜、银耳等，若出汗较多，可适量补充些盐水，补充时以少量、多次、缓饮为准则。

寒露

每年的公历10月8日前后，太阳移至黄经195度时，为二十四节气的寒露。"寒露"的意思是此时期的气温比"白露"时更低，地面的露水更冷，快要凝结成霜了。《月令七十二候集解》："九月节，露气寒冷，将凝结也。"如果说"白露"节气标志着炎热向凉爽的过渡，暑气尚不曾完全消尽，早晨可见露珠晶莹闪光。那么"寒露"节气则是天气转凉的象征，标志着天气由凉爽向寒冷过渡，露珠寒光四射，如俗语所说的那样，"寒露寒露，遍地冷露"。古代将寒露分为三候："一候鸿雁来宾；二候雀入大水为蛤；三候菊始黄华。"此节气中鸿雁排成一字或人字形的队列大举南迁；深秋天寒，雀鸟都不见了，古人看到海边突然出现很多蛤蜊，并且贝壳的条纹及颜色与雀鸟很相似，所以便以为是雀鸟变成的；第三候的"菊始黄华"是说在此时菊花已普遍开放。

从气候学上知，寒露以后，南北方天气差别较大，北方冷空气已有一定势力，大部分地区在冷高压控制之下，雨季结束。天气常是昼

图84　现代绘画《寒露图》

暖夜凉，晴空万里，一派深秋景象。在正常年份，此时10℃的等温线，已南移到秦岭淮河一线，长城以北则普遍降到0℃以下，北京大部分年份，此时可见初霜。寒露时天气对北方秋收十分有利，农谚有"黄烟花生也该收，起捕成鱼采藕芡"、"大豆收割寒露天，石榴山楂摘下来"。寒露蜜桃属北方晚熟桃品种，成熟期在寒露前后，故名"寒露蜜桃"。人们在享受收获喜悦的同时，也开始了最后一轮冬小麦的播种工

图85　元代程棨绘《耕织图·入仓》

作，民谚说："寒露种小麦，种一碗，收一斗。"其次又到了整理农田，深翻土地的时节。"寒露到立冬，翻地冻死虫"，是说由于地表温度逐渐降低，准备蛰伏越冬的虫子以及地下虫卵被翻地时晾到地表或被破坏了空洞，就会被冻死，这是除虫极好的方法。但是南方的寒露风却是晚稻生育期的主要气象灾害之一。每年秋季"寒露"节气前后，是华南晚稻抽穗扬花的关键时期，这时如遇低温危害，就会造成空壳瘪粒，导致减产，通常称为"寒露风"。这是要充分注意积极预防的。

全国各地寒露农谚有：

寒露时节人人忙，种麦、摘花、打豆场。

寒露到霜降，种麦莫慌张；霜降到立冬，种麦莫放松。

豆子寒露动镰钩，骑着霜降收芋头。

寒露不摘烟，霜打甭怨天。

时到寒露天，捕成鱼，采藕芡。

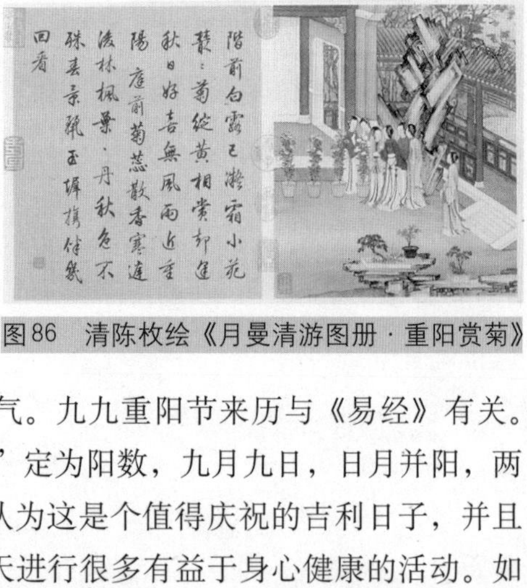

图86　清陈枚绘《月曼清游图册·重阳赏菊》

有些年份九九重阳节也在这个节气。九九重阳节来历与《易经》有关。《易经》中把"六"定为阴数，把"九"定为阳数，九月九日，日月并阳，两九相重，故名重阳，也叫重九，古人认为这是个值得庆祝的吉利日子，并且从很早就开始过此节日。人们在这一天进行很多有益于身心健康的活动。如登山、赏菊，三五好友聚在一起吃重阳糕、喝菊花酒，还要"佩茱萸，食蓬

饵，引菊花，登高赋诗，游猎骑射"。唐代诗人王维有千古名句："独在异乡为异客，每逢佳节倍思亲。遥知兄弟登高处，遍插茱萸少一人。"说明古代重阳节是个十分重要的节日。

养生保健专家提醒说，寒露以后随着气温不断下降，感冒成为最易得的一种疾病。因此，寒露期间要注意适时添加衣服，多喝开水，加强户外锻炼，增强体质。此外，还应合理搭配饮食，多吃蔬菜水果，达到营养平衡。因此，养生专家建议这个时节的饮食调养应以滋阴润燥为宜，在饮食上应少吃辛辣刺激、香燥、熏烤等类食品，宜多吃些芝麻、核桃、银耳、萝卜、番茄、莲藕、牛奶、百合、沙参等有滋阴润燥、益胃生津作用的食物，注意增加鸡、鸭、牛肉、猪肝、鱼、虾、大枣、山药

图87 《太平欢乐图册·售花糕度重九》

等以增强体质；少食辛辣之品，如辣椒、生姜、葱、蒜类，因过食辛辣宜伤人体阴精。同时，室内要保持一定的湿度，注意补充水分，多吃雪梨、香蕉、哈密瓜、苹果、提子等水果。

养生保健专家还强调，精神调养也不容忽视，由于气候渐冷，日照减少，风起叶落，一些人时常产生惆怅之感，容易出现情绪不稳或伤感的忧郁心情。因此，保持良好的心态，因势利导，宣泄积郁之情，培养乐观豁达之心也是暮秋养生保健不可缺少的内容之一。为了安然度过这个"多事之秋"，专家提示，中老年人从寒露节气开始应该注意六方面：一是要注意防寒保暖，及时增添衣服，衣服既要保暖性能好，又要柔软宽松，以利血液流畅；二是要合理调节起居，早睡早起，少食油腻食物，保持大便通畅；三是要保持良好的心境，切忌发怒、急躁和精神抑郁；四是要进行适当的御寒锻炼，以提高机体对寒冷的适应性和耐寒能力；五是清晨去厕所时应改蹲式为坐式，大便时间不能太长；六是要随时观察和注意病情变化，定期去医院进行检查，服用必要的药物，控制病情的发展，防患于未然。

霜降

每年公历10月23日前后，太阳到达黄经210度时，为二十四节气中的霜降，是秋季的最后一个节气，是秋季到冬季的过渡节气。秋晚地面上散热很

多，温度骤然下降到0℃以下，空气中的水蒸汽在地面或植物上直接凝结形成细微的冰针，有的成为六角形的霜花，色白且结构疏松。《月令七十二候集解》关于霜降说：九月中，气肃而凝，露结为霜矣。此时，中国黄河流域已出现白霜，千里沃野上，一片银色冰晶熠熠闪光，此时树叶枯黄，正是"无边落木萧萧下"的时节。古籍《二十四节气解》中说："气肃而霜降，阴始凝也。"可见"霜降"表示天气逐渐变冷，露水凝结成霜。古代将霜降分为三候：一候豺乃祭兽；二候草木黄落；三

图88　千年醉翁亭

候蛰虫咸俯。豺狼开始捕获猎物，祭兽，以兽而祭天报本也，方铺而祭秋金之义；大地上的树叶枯黄掉落；蛰虫也全在洞中不动不食，垂下头来进入冬眠状态中。

图89　邹建源绘《二十四节气·霜降》

传统文化对于霜很有好感，《诗经》曰：兼葭苍苍，白露为霜。霜降不是降霜，而是表示天气寒冷，大地将产生初霜的现象。霜多发生在无风无云夜晚，从深秋开始到第二年早春都可能降霜。霜在农业生产上虽会造成霜害，但霜也有它的功劳。因为水汽凝结时还可以放出大量的潜热，它能缓和气温下降速度，减轻植物的冻结程度。霜消时，又能吸收大量的热量，有利于受冻的植物慢慢复生。霜还能提高冬季蔬菜的品质。

两千多年前，汉代的《氾胜之书》记载："芸薹足霜乃收，不足霜即涩。"说的是打了霜的萝卜要甜一些。按现代科学解释，即低温有利于植物体内的物质转化和糖分增加的缘故。1 600多年前西晋的陆机也说："蔬茶苦菜生山田及泽中，得霜甜脆而美。"农谚亦有"霜打蔬菜分外甜"的说法。秋末冬初的霜还可杀死部分越冬害虫。由于霜冻，对土壤风化也有好处，人们常说："十月无霜，白里无糠。"清代陈恭尹在《耕田歌》中也吟道："霜华重，土气肥。"打霜往往出现霜冻。由于当时空气中的水汽未达到饱和，表面没有霜出现，但作物也遭冻害。霜冻能使植物体内细胞间隙中的水分变成冰晶，冰晶又吸收细胞中渗透出来的水分而逐渐增大，一方面压伤或压坏细胞，另一方面又使细胞内蛋白质沉淀，这样就使植物遭到冻害。霜冻强度越大、时间越长，作物受害越重。作物最怕三种霜冻。一是秋季过早的初霜，它常危害喜温作物，使棉铃变成僵瓣，使红薯不耐贮藏，使甘蔗变质流糖而空心。二是隆冬过后的"冻后霜"，这时气温降到很低，而次日猛晴，气温突然升高，使越冬作物遭受严重冻害。农谚说："冻后霜，柑橘光。"三是春季晚霜，这时作物的抗寒力减弱，容易受冻害。人们在长期的生产实践中，积累了不少防霜冻的办法，如加强培育管理，增施有机肥和磷、钾肥，以增强苗势(或树势)；面积较大的作物，可以采用浇水法；较贵重的植物，可以用包扎法；在苗圃园地上面，还可以加盖稻草、农膜等。

全国各地农谚有：

霜降降霜始（早霜），来年谷雨止（晚霜）。

霜降前降霜，挑米如挑糠；霜降后降霜，稻谷打满仓。

霜降萝卜，立冬白菜，小雪蔬菜都要回来。

霜降拔葱，不拔就空。

霜降不摘柿，硬柿变软柿。

这个时节北京人通常会到香山（北京西部）观赏红叶。香山红叶在北京是非常有名的景观，每年观赏红叶人山人海。游客可在香炉峰、白松亭等处观赏到色彩斑斓的胜景。自古以来，人们爱好红叶。每到深秋时节，当进入姹紫嫣红，灼灼夺目的红叶

图90　霜叶红于二月花

图91 《采 菊》

林，看那"万山红遍，层林尽染"，真有"春色能娇物，秋霜更媚人"之感。唐代诗人杜牧的《山行》诗这样写道："远上寒山石径斜，白云深处有人家。停车坐爱枫林晚，霜叶红于二月花。"

秋季气候干燥，容易使人体大量丢失水分。在这个时候，每天要比其他季节多喝水，以保持肺脏与呼吸道的正常湿润度。当然也可直接从呼吸道"吸"入水分。原理是上面提到的肺"开窍于鼻"。我们可以倒一杯热水，然后用鼻子对准水杯，将水蒸汽充分吸入到肺中。每次的时间不要太长，10～15分钟就可以了，早晚一次，就能简简单单的滋润我们的肺部。肺是一种非常怕冷的器官，因此，在秋季到来的时节，我们就不要再像夏天那样贪凉了。这个时候，应该减少冷饮、凉的水果的摄入，同时，不要吃一些辛辣的食物，应多吃一些酸味的食物，保护好我们的肺部。另外，这里还有一个小资料，那就是秋天尽量少喝碳酸饮料，因为喝碳酸饮料时，脾胃中的暖气会随着打嗝带出来，使肺受寒。在秋天除了要给身体内部补水外，还要主动多洗澡。洗浴有利于血液的循环，能使肺脏与皮肤气血流畅，发挥润肤、润肺之作用。轻松微笑，发自肺腑的微笑，可使肺气布散全身，使面部、胸部及四肢肌群得到充分放松。另外，肺气的下布还可使肝气平和，从而保持情绪稳定。会心之笑自心灵深处，笑而无声，可使肺气下降与肾气相通，收到强肾之功。开怀大笑生发肺气，使肺吸入足量清气，呼出废气，加快血液循环，达到心肺气血调和之目的。还应注意，运动、锻炼才是真正能使身体健康结实的最好方法。秋天时节选择登山，骑自行车出行都是非常不错的有氧健身运动。既锻炼了身体，又呼吸到了室外的新鲜空气，对养生是非常有帮助的。

冬季的节气

立冬

　　每年公历的11月7日或8日，是立冬节气。其时太阳到达黄经225度。立冬是反映四季变化的节气之一，习惯上，我国民间把这一天作为冬季的开始。《月令七十二候集解》说："立，建始也"，又说："冬，终也，万物收藏也。"意思是说秋季作物全部收晒完毕，收藏入库，动物也已藏起来准备冬眠。立冬不仅代表着冬季开始，气温下降变化明显，冬天来临，同时也表示万物收藏，规避寒冷的意思。我国古代将立冬分为三候："一候水始冰，二候地始冻，三候雉入大水为蜃。"就是说，此节气水已经能结成冰，土地也开始冻结，野鸡一类的大鸟便不多见了，而海边却可以看到外壳与野鸡的线条及颜色相似的大蛤。所以古人认为，雉到立冬后就变成大蛤了（这个说法至今没有科学理论能证明）。

图92　风俗画《苏州民俗拜冬图》

　　立冬日天子要举行迎冬的仪式。立冬前三日太史告诉天子立冬的日期，天子便开始沐浴斋戒。立冬日天子率三公九卿大夫到北郊6里处迎冬。并有赐群臣冬衣、矜恤孤寡之制。晋崔豹《古今注》："汉文帝以立冬日赐宫侍承恩者及百官披袄子。"

　　十月立冬，又叫"交冬"，时序进入冬令，民间有"入冬日补冬"的食俗。古人认为天转寒冷，要补充身体营养。食人参、鹿茸、狗肉、羊肉及鸡鸭炖八珍等是较流行的补冬方式。也有的中药店推出十全大补汤，即用10种滋补的中药炖鸡或其他肉类做成的补品。

　　满族有烧香的习俗。立冬，秋粮入库，便是满族八旗和汉军八旗人家烧香祭祖的活跃季节。汉八旗的祭祀称"烧旗香跳虎神"，满八旗称"烧荤香"。

图93 冬日佳肴——火锅

"烧荤香"5～7天，在操办祭祖烧香的头三天，全家人吃斋，不吃荤腥。

天津立冬有吃倭瓜饺子的风俗。倭瓜又称窝瓜、番瓜、饭瓜和北瓜，是北方一种常见的蔬菜。一般倭瓜是在夏天买的，存放在小屋里或窗台上，经过长时间糖化，在冬至这天做成饺子馅，味道既与大白菜有异，也与夏天的倭瓜馅不同，还要蘸醋加蒜吃，别有一番滋味。这个习俗说明古人曾将立冬作为重要节日来过。

营养专家介绍，中医认为，秋季进补适宜"平和"，冬季进补适宜"封藏"。冬季适宜食用以下食品：具有暖性的肉食，如狗肉、牛肉、鸡肉、羊肉、虾等；蔬菜有黄豆、胡萝卜、韭菜、油菜、盖菜、香菜等；水果有橘子、柚子等。

另外，冬季进补的另外一个原则就是多饮水，多吃些新鲜蔬菜、水果，少吃酸辣等刺激性食物，少饮烈酒。同时，冬天营养应以增加热能为主，可适当多摄入富含碳水化合物和脂肪的食物，如坚果、米面制品等。

养生保健专家介绍，立冬是秋冬季节交替之时，温差较大，空气质量下降，加上此时人体免疫力相对较低，会导致呼吸道疾病多发，最常见的就是感冒。秋冬交替时节，为避免感冒，专家提出五点忠告：一是提高免疫力，二是要保持空气清新，三是避开感染源，四是注意卫生，五是注射流感疫苗。

立冬前后，我国大部分地区降水显著减少。东北地区大地封冻，农林作物进入越冬期；江淮地区"三秋"已接近尾声；江南正忙着抢种晚茬冬麦，抓紧移栽油菜；而华南却是"立冬种麦正当时"的最佳时期。农业专家说，此时水分条件的好坏与农作物的苗期生长及越冬都有着十分密切的关系。华北及黄

图94 农民画《立冬》

淮地区一定要在日平均气温下降到4℃左右，田间土壤夜冻昼消之时，抓紧时机浇好麦、菜及果园的冬水，以补充土壤水分不足，改善田间小气候环境，防止"旱助寒威"，减轻和避免冻害的发生。江南及华南地区，及时开好田间"丰产沟"，搞好清沟排水，是防止冬季涝渍和冰冻危害的重要措施。另外，立冬后空气一般渐趋干燥，土壤含水较少，林区的防火工作也该提上重要的议事日程了。

图95　宋朱锐绘《盘山图》

　　随着科学技术的发展，设施农业的应用越来越广泛，立冬后人们开始进入大棚温室，种植各种蔬菜花卉。所有在自然环境中生长的瓜果蔬菜在大棚温室中都能生产，人们可以在寒冷的冬天也能吃上新鲜的蔬菜水果。科学技术改变丰富了人们的生活。全国各地立冬农谚有：

图96　立冬的田野

　　麦子盘好墩，丰收有了根。

　　立了冬，楼再摇，种一葫芦打两瓢。

　　立冬不砍菜，就要受冻害。

　　冬天把田翻，害虫命"归天"。

　　立冬温渐低，管好母幼畜。

小雪

　　每年公历的11月23或24日为小雪节气。其时太阳到达黄经240度。《月令七十二候集解》："十月中，雨下而为寒气所薄，故凝而为雪。小者未盛之辞。"天气寒冷，降水形式由雨变为雪，但雪量还不大，所以称为小雪。《群芳谱》中说："小雪气寒而将雪矣，地寒未甚而雪未大也。"这就是说，到"小雪"节由于天气寒冷，降水形式由雨变为雪，但此时由于"地寒未甚"故雪下得次数少，雪量还不大，所以称为小雪。因此，小雪表示降雪的起始时间和程度，小雪和雨水、谷雨等节气一样，都是直接反映降水的节气。我国古代将小雪分为三候："一候虹藏不见；二候天气上升地气下降；三候闭塞而成冬。"由于天空中的阳气上升，地中的阴气下降，导致天地不通，阴阳不交，所以万物失去生机，天地闭塞而转入严寒的冬天。唐代戴叔伦《小雪》诗云："花雪随风不厌看，更多还肯失林峦。愁人正在书窗下，一片飞来一片寒。"

北方地区小雪节以后，果农开始为果树修枝，以草秸编箔包扎株杆，以

图97 农民画《小雪》

防果树受冻。且冬日蔬菜多采用土法贮存，或用地窖，或用土埋，以利食用。俗话说"小雪铲白菜，大雪铲菠菜"。白菜深沟土埋储藏时，收获前10天左右即停止浇水，做好防冻工作，以利贮藏，尽量择晴天收获。收获后将白菜根部向阳晾晒3～4天，待白菜外叶发软后再进行储藏。沟深以白菜高度为准，储藏时白菜根部全部向下，依次并排沟中，天冷时多覆盖白菜叶和玉米秆防冻。而半成熟的白菜储藏时沟内放部分水，边放水边放土，放水土之深度以埋住根部为宜，待到食用时即生长成熟了。

小雪节气，南方地区北部开始进入冬季。"荷尽已无擎雨盖，菊残犹有傲霜枝"，已呈初冬景象。因为北面有秦岭、大巴山屏障，阻挡冷空气入侵，削减了寒潮的严威，致使华南"冬暖"显著。全年降雪日数多在5天以下，比同纬度的长江中、下游地区少得多。大雪以前降雪的机会极少，即使隆冬时节，也难得观赏到"千树万树梨花开"的迷人景色。由于华南冬季近地面层气温常保持在0℃以上，所以积雪比降雪更不容易。偶尔虽见天空"纷纷扬扬"，却不见地上"碎琼乱玉"。然而，在寒冷的西北高原，常年10月一般就开始降雪了。高原西北部全年降雪日数可达60天以上，一些高寒地区全年都有降雪的可能。从节气名称的变化中可看出古人的活动规律——看天生活，以节气的变化安排生活与农事。

小雪节气期间，我国大部分地区的农业生产都进入了冬季田间管理和农田基本建设阶段。此时如果有场降雪，对越冬的小麦十分有利。因此，我国很早就有了"瑞雪兆丰年"的农谚。与小雪节气有关的谚语和民谣比比皆是，全国各地小雪农谚有：

图98 北宋王诜《渔村小雪图》

小雪雪满天，来年必丰年。

小雪收葱，不收就空。

立冬小雪北风寒，棉粮油料快收完。油菜定植麦续播，贮足饲料莫迟延。

小雪地不封，大雪还能耕。

小雪大雪不见雪，小麦大麦粒要瘪。

小雪地能耕，大雪船帆撑。

小雪虽冷窝能开，家有树苗尽管栽。

小雪到来天渐寒，越冬鱼塘莫忘管。

小雪节气南方地区盛行腌腊肉。小雪节气后气温急剧下降，天气变得干燥，是加工腊肉的好时候。小雪节气后，一些农家开始动手做香肠、腊肉，等到春节时正好享受美食。在南方某些地方，还有农历十月吃糍粑的习俗。古时，糍粑是南方地区传统的节日祭品，最早是农民用来祭牛神的供品。有俗语"十月朝，糍粑禄禄烧"，就是指的祭祀事件。

此时节，外面寒冷，屋内燥热，不少人会出现口干舌燥、口腔溃疡、皮肤干燥的症状，老百姓俗称"上火"了。营养专家提醒说，为了防止"上火"，应多吃些苦味食物和清火、止咳、润肠的食物。苦味物质有解热祛火、清热润燥、消除疲劳的作用。可选择的苦味食物有芹菜、莴笋、生菜、苦菊等，这些食物中含有氨基酸、维生素、生物碱、微量元素等，具有抗菌消炎、提神醒脑、清热润肠等多种医疗和保健功能。此外，小雪时节还应多吃梨、萝卜、荸荠、藕、甘蔗，这些食物能滋补津液，润肠除燥，尤其是萝卜。冬季，人们往往吃肉较多，吃肉则易生痰，易上火。在吃肉时搭配一点萝卜，或者做一些以萝卜为配菜的菜，

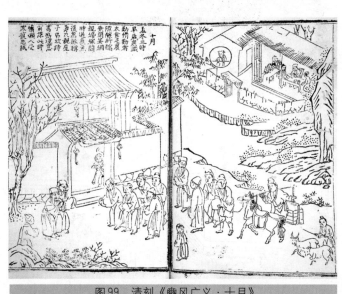

图99　清刻《豳风广义·十月》

不但不会上火，还会起到很好的营养滋补作用。另外，还要多饮水，多吃些新鲜蔬菜、水果，少吃火锅等辛辣刺激性食物，少饮烈酒。同时，在平时的营养中应以增加热能为主，可适当多摄入富含碳水化合物和脂肪的食物，如坚果、米面制品等。想健康，多喝汤。尤其在秋冬季节，各种汤是不可缺少的美味。

大雪

每年公历的12月7日或8日是"大雪"节气，其时太阳到达黄经255度。《月令七十二候集解》说："至此而雪盛也。"大雪，顾名思义，雪量大。古人云："大者，盛也，至此而雪盛也。"到了这个时段，雪往往下得大、范围也广，故名大雪。我国古代将大雪分为三候："一候鹖鸥不鸣；二候虎始交；三候荔挺出。"是说此时因天气寒冷，寒号鸟也不再鸣叫了；由于此时是阴气最盛时期，正所谓盛极而衰，阳气已有所萌动，所以老虎开始有求偶行为；"荔挺"为兰草的一种，也感到阳气的萌动而抽出新芽。

这一节气表示气温继续下降，鹅毛大雪将随时而至，并会给地面造成积雪。大，指降雪的程度。此时，大地冰封，河塘冻结。常有"大雪"不封地，不过三五日之说。一旦阴云，人们自感随时会有"雪

图100 晚清杨柳青版画《大雪节气物候图》

压冬云白絮飞，万花纷谢一时稀"和"千山鸟飞绝，万径人踪灭。孤舟蓑笠翁，独钓寒江雪"那幅严冬时节的壮丽画面将展现在眼前。一旦降雪，到处则是银妆素裹的北国风光。当看到那挂满了雪的松柏，又会联想起陈毅元帅的"大雪压青松，青松挺且直"的诗句，浩然正气顿时胸中涌起。

人常说"瑞雪兆丰年"。严冬积雪覆盖大地，可保持地面及作物周围的温度不会因寒流侵袭而降得很低，为冬作物创造了良好的越冬环境。积雪融化时又增加了土壤水分含量，可供作物春季生长的需要。另外，雪水中氮化物的含量是普通雨水的5倍，还有一定的肥田作用。所以有"今年麦盖三层被，来年枕着馒头睡"的农谚。大雪时节，除华南和云南南部无冬区外，我国辽

阔的大地均已披上冬日盛装。东北、西北地区平均气温已降至-10℃，黄河流域和华北地区气温也稳定在0℃以下。在气候正常年份，黄河流域及其以北地区已有积雪出现，冬小麦已停止生长。大雪以后，江南进入隆冬时节，各地气温显著下降，常出现冰冻现象，"大雪冬至后，篮装水不漏"就是这个时节的真实写照，但是有的年也不尽然，气温较高，无冻结现象，往往造成后期雨水多。江淮及以南地区小麦、油菜仍在缓慢生长，要注意施好腊肥，为安全越冬和来春生长打好基础。华南、西南小麦进入分蘖期，应结合中耕施好分蘖肥，注意冬作物的清沟排水。这时天气虽冷，但贮藏的蔬菜和薯类要勤于检查，适时通风，不可将窖封闭太死，以免升温过高，湿度过大导致烂窖。在

图101　吴伟绘《独钓寒江雪图》

不受冻害的前提下应尽可能地保持较低的温度。全国各地大雪农谚有：

大雪小雪不见雪，过了立春雪连雪。

大雪纷纷落，明年吃馍馍。

白雪堆禾塘，明年谷满仓。

大雪三白，有益菜麦。

图102　农民画《大雪》

大雪封了河，船民另找活，大雪河未封，船只照常通。

冬天把粪攒，来年好种田。

大雪节气人们要注意气象台对强冷空气和低温的预报，注意防寒保暖。越冬作物要采取有效措施，防止冻害。注意牲畜防冻保暖。我国北方开始出现大幅度降温降雪天气。雪后的大风使气温骤降，咳嗽、感冒的人比平时多。有些疾病的发生与不注意保暖有很大关系。中医认为，人体的头、胸、脚这三个部

位最容易受寒邪侵袭。俗话说"寒从脚下起"，脚离心脏最远，血液供应慢而少，皮下脂肪较薄，保暖性较差，一旦受寒，会反射性地引起呼吸道黏膜毛细血管收缩，使抗病能力下降，导致上呼吸道感染。因此，数九严寒脚部的保暖尤应加强。老年人因为天冷怕寒，冬天睡觉时爱多穿些衣服，其实这样做很不利于健康。因为人在睡眠时中枢神经系统活动减慢，大脑、肌肉进入休息状态，心脏跳动次数减少，肌肉的发射运动和紧张度减弱，此时脱衣而眠，可以很快消除疲劳，使身体的各器官都得到很好的休息。另外，穿厚衣服睡觉，会妨碍皮肤的正常"呼吸"和汗液的蒸发，衣服对肌肉的压迫和摩擦还会影响血液的循环，造成体表热量减少，即使盖上较厚的被子，也会感

图103　清陈枚绘《月曼清游图册·围炉博古》

到寒冷。冬季时节，老年人摔伤以手腕、股骨等处骨折的居多，从预防的角度看，老年人在雪天应减少户外活动。

大雪以后气温逐渐变冷，屋里屋外都要注意保暖，人们纷纷穿上冬装，防止冻疮。鲁北民间有"碌碡顶了门，光喝红黏粥"的说法，意思是天冷了不再串门，只在家喝暖乎乎的红薯粥度日。此时逢下雪到户外赏雪、堆雪人也是常有的景致。

冬至

　　每年公历的12月22日前后，太阳黄经达270度时是二十四节气的"冬至"。冬至日，太阳直射南回归线，北半球白天最短，黑夜最长，数九寒天从冬至开始。冬至有三候，"一候蚯蚓结，二候麋角解，三候水泉动。"是说蚯蚓在地下仍被冻得僵作一团，麋鹿的角到了自然脱落的时候了，地下的泉水或井水开始向上冒热气。冬至，是我国农事历中一个非常重要的节气。早在2 500多年前的春秋时代，冬至日就已经被用土圭观测太阳测定了出来。它是二十四节气中最早制订出的一个节气。

　　冬至，也是一个传统节日，冬至过节源于汉代，盛于唐宋，相沿至今。《清嘉录》甚至有"冬至大如年"之说。这表明古人对冬至十分重视。人们

图104 风俗画《冬至狩猎图》

认为冬至是阴阳二气的自然转化，是上天赐予的福气。汉代以冬至为"冬节"，官府要举行祝贺仪式称为"贺冬"，例行放假。《汉书》中说："冬至阳气起，君道长，故贺。"人们认为：过了冬至，白昼一天比一天长，阳气回升，是一个节气循环的开始，也是一个吉日，应该庆贺。唐宋时期，冬至是祭天祭祖的日子，皇帝在这天要到郊外举行祭天大典，百姓在这一天要向父母尊长祭拜，现在仍有一些地方在冬至这天过节庆贺。

明清两代皇帝冬至要到天坛祭天，次日则在太和殿里接受文武百官的朝贺。北京天坛建于明永乐十八年（1420），与故宫同时修建，位于北京城的南端。明初建都南京，实行天地合祭，建大祀殿，而不是露祭，这是不合于古制的。朱棣迁都北京，仍建合祭大祀殿；但南京大祀殿为矩形平面，北京则为圆形。天坛面积约270万平方米，分为内坛和外坛两部分，主要建筑物都在内坛。南有圜丘坛、皇穹宇，北有祈年殿、皇乾殿，由一座高2米半、宽28米、长360米的甬道，把这两组建筑连接起来。大祀殿为三重檐，上檐青色表示天，中檐黄色表示地，下檐绿色表示万物。嘉靖时，改大祀殿称祈谷坛，降为雩祭（求雨、求丰年）之所，另设圜丘为祭天之坛，形成今天所见的平面布置。清乾隆时，改建天坛，加大圜丘尺寸，重新雕琢全部地面、台基、栏干石作；祈谷坛易名祈年殿，三重檐不同色改为一律青

图105 天坛

色。这一改使祈年殿获得纯净统一的色调，更为庄重鲜明。现存祈年殿是雷火焚毁后于光绪十六年（1890）重建，殿高38米，是一座有鎏金宝顶的三重檐的圆形大殿。大殿的全部重量都依靠28根巨大的楠木柱支撑着。殿内地面正中，是一块圆形大理石，上面有天然的龙凤花纹，与殿顶中央的盘龙藻井遥遥相对。皇穹宇原是放置皇天上帝牌位的地方，高19米多，直径15.6米。结构与祈年殿基本相同，是单檐蓝瓦，殿顶也有鎏金宝顶，殿下也有台基和汉白玉的栏杆。在皇穹宇的外面，有一道圆形磨砖对缝的围墙，门向南开，这就是回音壁。圜丘是一座露天的三层圆形石坛，石坛每层周围都有汉白玉

图106　风俗画《冬至会虫图》

栏杆和栏板。坛面、台阶、栏杆所用石块全是9的倍数，据说，这是象征九重天。

冬至经过数千年发展，形成了独特的节令食文化。诸如馄饨、饺子、汤圆、赤豆粥、黍米糕等都可作为年节食品。曾较为时兴的"冬至亚岁宴"的名目也很多，如吃冬至肉、献冬至盘、供冬至团、馄饨拜冬等。现在，一些地方还把冬至作为一个节日来过。北方地区有冬至宰羊，吃饺子、吃馄饨的习俗，南方地区在这一天则有吃冬至米团、冬至长线面的习惯。各个地区在冬至这一天还有祭天祭祖的习俗。

"一九二九不出手；三九四九冰上走；五九六九沿河看柳；七九河开八九雁来；九九加一九，耕牛遍地走。"冬至过后，进入"数九"时节。冬天的《九九歌》至今流行。关于"数九"的习俗的文字记载，最早见于公元550年南北朝时期梁朝宗懔所著《荆楚岁时记》，到现在已有1 462年的历史，"九九歌"的产生和流传由来已久。到了明代，又在士绅阶层产生与发展起"画九"、"写九"的习俗，使数九所反映的暖长寒消的情况形象化，不仅是一项科学记录天气变化的时间活动，也是一项有趣的"熬冬"智能游戏。不管是画的还是写的，统称作"九九消寒图"。不管是哪种"九九消寒图"，只要认真填画，都能真实记录寒消暖长的具体状况，而成为一份珍贵的资料。

图107　农民画《冬至》

冬至后，虽进入了"数九天气"，但我国地域辽阔，各地气候景观差异较大。东北大地千里冰封，琼装玉琢；黄淮地区也常常是银装素裹；大江南北这时平均气温一般在5℃以上，冬作物仍继续生长，菜麦青青，一派生机，正是"水国过冬至，风光春已生"；而华南沿海的平均气温则在10℃以上，更是花香鸟语，满目春光。冬至前后是兴修水利，大搞农田基本建设、积肥造肥的大好时机，同时要施好腊肥，做好防冻工作。江南地区更应加强冬作物的管理，做好清沟排水，培土壅根，对尚未犁翻的冬壤板结要抓紧耕翻，以疏松土壤，增强蓄水保水能力，并消灭越冬害虫。已经开始春种的南部沿海地区，则需要认真做好水稻秧苗的防寒工作。其主要农事有：一是三麦、油菜的中耕松土、重施腊肥、浇泥浆水、清沟理墒、培土壅根；二是稻板茬棉田和棉花、玉米苗床冬翻，熟化土层；三是搞好良种串换调剂，棉种冷冻和室内选种；四是绿肥田除草，并注意培土壅根，防冻保苗；五是果园、桑园继续施肥、冬耕清园；果树、桑树整枝修剪、更新补缺、消灭越冬病虫害；六是越冬蔬菜追施薄粪水、盖草保温防冻，特别要加强苗床的越冬管理；七是畜禽加强冬季饲养管理、修补畜舍、保温防寒；八是继续捕捞成鱼，整修鱼池，养好暂养鱼种和亲鱼；搞好鱼种越冬管理。全国各地冬至农谚有：

冬至出日头，过年冻死牛。

冬至天气晴，来年百果生。

冬至节令天，稼接桃李柰。

冬至稻无刈，一夜脱一箩。

冬至萝卜夏至姜，适时进食无病痛。

小寒

小寒是一年二十四节气中的第23个节气，是一个反映气温变化的时令。小寒时，太阳运行到黄经285度，时值公历1月6日左右（1月5—7日），我国气候开始进入一年中最寒冷的时段。俗话说，冷气积久而寒。此时，天气寒冷，大冷还未到达极点，所以称为小寒。气候观测资料表明，我国大部地区从"小寒"到"大寒"节气这一时段的气温是全年最低的，"三九、四九冰上走"和"小寒、大寒冻作一团"及"街上走走，金钱丢手"等民间谚语，都是形容这一时节的寒冷。从字面上看似乎小寒还不是最冷，因为在小寒后面还大寒，可是在这个时节温度往往是最低的。为什么叫小寒而不叫大寒呢？小寒指每年阳历1月5日或6日至19日或20日，大寒指每年阳历1月21日或22日到2月3日或4日。我国除沿海局部地区外，一年中最低的旬平均温度是1月中旬，正处在小寒节气内，而大寒已进入1月末。那为什么小寒比大寒冷呢？一个地方气温的高低与太阳光的直射、斜射有关。太阳光直射时，地面上接受的光热多，斜射时，地面接受的光热就要少，这是主要原因；其次，斜射时，光线通过空气层的路程要比直射时长得多，沿途中消耗的光热就要多，地面上接受的光热也就少了。冬天，对于北半球，太阳光是斜射的，所以各地天气都比较冷。太阳斜射最严重的一天是冬至，这样说来，冬至应该最冷。其实不然，最低气温却是出现在冬至后一个月左右的小寒和大寒期间。这是因为，冬至过后，太阳光的直射点虽北移，但在其后的一段时间内，直射点仍然位于南半球，我国大部地区白天的热量收入还是顶不住夜间向外放热的散失，所以温度就会继续降低，直到收入和放出的热量趋于相等为止。这类似于一天中最高温度不是出现在中午而是在下午2点左右的原因。小寒过后，温度逐渐增加，所以大寒的平均温度反而比小寒略高。历史资料统计表明：不同地点、不同年份情况不尽相同，一般来说，北方大寒节气的平均最低气

图108　清陈枚绘《月曼清游图册·踏雪寻诗》

温要低于小寒节气的平均最低气温；南方则反之。《月令七十二候集解》中说"月初寒尚小……月半则大矣"，就是说，在黄河流域，当时大寒还是比小寒要冷。又由于小寒还处于"二九"的最后几天里，小寒过几天后，才进入"三九"，并且冬季的小寒正好与夏季的小暑相对应，所以称为小寒。位于小寒节气之后的大寒，是"四九夜眠如露宿"也是很冷的，并且冬季的大寒恰好与夏季的大暑相对应，所以称为大寒。

　　小寒中的三候，其物候反映分别是："一候雁北乡；二候鹊始巢；三候雉始雊"。一候，阳气已动，大雁开始向北迁移，但还不是迁移到我国的最北方，只是离开了南方最热的地方；二候，喜鹊此时感觉到阳气而开始筑巢；到了三候，野鸡也感到了阳气的滋长而鸣叫。小寒时节明显的特征是我国大部分地区刮西北风。此时，我国经常受到西伯利亚寒流的影响，因而气温波动大。

图109　皇家冰窖遗址复原

由于气温很低对农作物的危害较大，特别要注意农作物的防寒，防止小麦、果树、瓜菜、畜禽等遭受冻害。全国各地小寒农谚有：

窖坑栏舍要防寒，瓜菜薯窖严封口。

草木灰，单积攒，上地壮棵又增产。

小寒鱼塘冰封严，大雪纷飞不稀罕，冰上积雪要扫除，保持冰面好光线。

林木果树看管好，腊月栽桑好时候。

腊月大雪半尺厚，麦子还嫌被不够。

在古代皇宫及民间，有冬季储冰夏季用的习俗，因为古代没有现在这些冷冻设备，于是利用天然的优势冬储夏用。古代北京有很多冰窖，现在虽然冰窖不用了还有遗址存在，而且名字流传至今，如冰窖口胡同、冰窖胡同等。那时不仅民间储冰，就是皇宫中也有很大的冰窖，小寒时节天气寒冷，冰块温度最低，正是储存的最佳时机。

图110　清金昆、程志道、福隆安绘《冰嬉图卷》

在旧时小寒期间，家家户户积极准备年货，除了年猪、年糕等吃食外还要购买神马、红纸、年画、鞭炮、糖果、彩灯。一些文弱书生走街串巷，去为主顾写春联、卖书画、卖乐器。

图111　木刻《讲故事》

小寒节气常与腊月初八相会。民间中盛行腊月初八喝腊八粥。这粥用糯米、小米、红豆、黄豆、芸豆、花生、红枣、桂圆等8样原料慢火熬制而成，不但营养丰富，香甜可口，而且和血养胃，实乃冬令之佳品。说到进补，自古就有"三九补一冬，来年无病痛"的说法。人们在经过了春、夏、秋，近一年的消耗，脏腑的阴阳气血会有所偏衰，合理进补即可及时补充气血津液，抵御严寒侵袭，又能

图112 腊八粥

使来年少生疾病，从而达到事半功倍之养生目的。在冬令进补时应食补、药补相结合，以温补为宜。这时候，没有什么能比浓浓的靓汤更能"熨烫"人心的了。所以，家庭主妇们不妨煲几款靓汤给自己家人好好享受，让心和身在这寒冷的天气中积蓄能量，迎接下一个春天的到来。

中医学认为，寒为冬季的主气，小寒又是一年中最冷的季节。寒为阴邪，易伤人体阳气，寒主收引凝滞。所以，应防止冷辐射对身体的伤害。据环境医学指出，在我国北方严寒季节，室内气温和墙壁有较大差异，墙壁温度比室内气温低3～8℃。墙壁温度比室内气温低5℃时，人在距离墙壁30厘米处就会感到寒冷。如果墙壁温度再下降1℃，即墙壁温度比室内温度低6℃，人在距离墙壁50厘米处就会产生寒冷的感觉，这就是由于冷辐射或称为负辐射所导致的。人体组织受到负辐射的影响之后，局部组织出现血液循环障碍，神经肌肉活动缓慢且不灵活。全身反应可表现为血压升高，心跳加快，尿量增加，感觉寒冷。寒冷的气候，人们应特别注意预防负辐射综合症，尤其是老年人，要远离过冷的墙壁。

大寒

每年公历1月20日左右（1月20—21日），太阳黄经达300度时，是二十四节气最后的一个节气——"大寒"。同小寒一样，大寒也是表示天气寒冷程度的节气。我国古代将大寒分为三候："一候鸡乳；二候征鸟厉疾；三候水泽腹坚。"就是说大寒节母鸡开始孵小鸡；而鹰隼之类的猛禽，盘旋于空中箭一般地扑向猎物；水域中的冰一直冻到水中央，且坚实。《授时通考·天时》引《三礼义宗》："大寒为中者，上形于小寒，故谓之大。自十一月一日阳爻初起，至此始彻，阴气出地方尽，寒气并存上，寒气之逆极，故谓大寒。"大寒以后，立春接着到来，天气渐暖。至此地球绕太阳公转了一周，完成了一个循环。

"大寒年年有，不在三九在四九"，期间寒潮南下频繁，风大，低温，地面积雪不化，呈现出冰天雪地、天寒地冻的景象。这时要继续做好农作物防寒，特别应注意保护牲畜安全过冬。寒潮虽给人们的生产生活带来不便，但它也有有益的影响。地理学家的研究分析表明，冷空气活动有助于地球表面热量交换。随着纬度增高，地球接收太阳辐射能量逐渐减弱，因此地球形成热带、温带和寒带。寒潮携带大量冷空气向热带倾泻，使地面热量进行大规模交换，这非常有助于自然界的生态保持平衡，保持物种的繁茂。对于某些作物来说，在一定生育期内需要有适当的低温。冬性较强的小麦、油菜，通过春化阶段就要求较低的温度，否则不能正常

图113　农民画《大寒》

生长发育。农作物病虫害防治专家认为，寒潮带来的低温，是目前最有效的天然"杀虫剂"，可大量杀死潜伏在土中过冬的害虫和病菌，或抑制其滋生，减轻来年的病虫害。据各地农技站调查数据显示，凡大雪封冬之年，农药可节省60%以上。全国各地大寒农谚有：

> 大寒不寒，春分不暖。
>
> 大寒不寒，人畜不安。
>
> 大寒见三白，农人衣食足。
>
> 大寒日怕南风起，当天最忌下雨时。
>
> 大寒猪屯湿，三月谷芽烂。大寒牛眠湿，冷到明年三月三。
>
> 南风送大寒，正月赶狗不出门。

图114　风俗画《踩岁图》

按我国的风俗，特别是在农村，每到大寒节气，人们便开始忙着除旧布新，腌制年肴，准备年货。旧时大寒时节人们争相购买芝麻秸，因为"芝麻开花节节高"，除夕夜，人们将芝麻秸撒在行走之外的路上，供孩童踩碎，以"碎"、"岁"谐音寓意"岁岁平安"，讨得新年好口彩，使大寒驱凶迎祥的意味更加浓厚。在大寒

至立春这段时间，有很多重要的民俗和节庆。如尾牙祭、祭灶和除夕等，有时甚至连春节也处于这一节气中。大寒节气中充满了喜悦与欢乐的气氛，是一个欢快轻松的节气。

祭尾牙源自于拜土地公做"牙"的习俗。二月二为头牙，以后每逢初二和十六都要做"牙"，到了农历十二月十六日正好是尾牙。尾牙同二月二一样有春饼（南方叫润饼）吃，这一天买卖人要设宴，白斩鸡为宴席上不可缺的一道菜。据说鸡头朝谁，就表示老板明年要解雇谁。因此现在有些老板一般将鸡头朝向自己，以使员工们能放心地享用佳肴，回家后也能过个安稳年。

腊月二十三日为祭灶节。传说灶神是玉皇大帝派到每个家中监察人们平时善恶的神，每年岁末回到天宫中向玉皇大帝奏报民情，让玉皇大帝赏罚。因此送灶时，人们在灶王像前的桌案上供放糖果、清水、料豆、秣草；其中，后三样是为灶王升天的坐骑备料。祭灶时还要把关东糖用火融化，涂在灶王爷的嘴上，这样他就不能在玉帝那里讲坏话了。常用的灶神联上往往写着"上天言好事，回宫降吉祥"或"上天言好事，下界保平安"之类的字句。另外，大年三十的晚上，灶王还要与诸神来人间过年，那天还得有"接灶"、"接神"

图115　壁龛《灶王爷上天》

图116　清王素绘《放爆竹图》

的仪式，所以俗语有"二十三日去，初一五更来"之说。在岁末卖年画的小摊上，也卖灶王爷的图像，以便在"接灶"仪式中张贴。图像中的灶神是一位眉清目秀的美少年，因此我国北方有"男不拜月，女不祭灶"的说法，以示男女授受不亲。

腊月三十为除夕，元旦是一年之始，而除夕是一年之终。我国人民历来重视"有始有终"，所以除夕与第二天的元旦，便成为从古至今最隆重的节庆。我国各地在腊月三十这天的下午，都有祭祖的风俗，称为"辞年"。除夕祭祖是民间大祭，有宗祠的人家都要开祠，并且门联、门神、桃符均焕然一新，还要点上大红色蜡烛，然后全家人按长幼顺序拈香向祖宗祭拜。除夕之夜，人们要鸣放烟花爆竹，焚香燃纸，敬迎灶神，叫做"除夕安神"。入夜，堂屋、住室、灶下，灯烛通明，全家欢聚，围炉熬年、守岁。新中国建立后，安神烧香活动渐废，其他欢庆活动依然。除夕的晚餐又称年夜饭，是中国人最重要的一顿饭。这顿饭主食为饺子，还有很多象征吉祥如意的菜肴。如"鱼"与"余"同音，一般只看不吃或不能吃完，取"年年有余"之意；韭菜取其"长久"之意；鱼丸与肉丸取其"团圆"之意等，这些都是不能少的菜肴。吃过年夜饭便开始守岁，一到子时，便开始燃放烟花爆竹，庆贺新年。

图117　清方薰《守岁图卷》局部

旧时北京新年之始，不仅有登门拜年的礼仪，还有逛厂甸的习俗。过年的时候在厂甸那里举办的庙会，庙会始于清乾隆年间，每年正月初一至十五元宵节为集市，叫开厂甸。厂甸真正繁华而成为百姓的胜地，应该是在民国之后。民国期间，一直到1966年"文化大革命"开始之前，每年春节的厂甸，热闹非凡。据统计1963年春节的厂甸，有史以来最为红火，摊子有750多个，逛厂甸的有400多万人。逛厂甸就在一个"逛"字，它要求时间宽裕一点，精神放松一点，轻闲自由一点。

大寒时节，天气寒冷，尤其寒潮袭来对人体健康危害很大，大风降温天气容易引发感冒、气管炎、冠心病、肺心病、中风、哮喘、心肌梗塞、心绞痛、偏头痛等疾病，有时还会使患者的病情加重。有这些病症应早晨和傍晚尽量少出门，注意保暖。大寒进补很重要，旧时有"大寒大寒，防风御寒，早喝人参黄芪酒，晚服杞菊地黄丸"的说法。广东佛山民间有大寒瓦锅蒸煮糯米饭的习俗，糯米味甘，性温，比普通大米含糖分高，食之具有御寒滋补功效。而富贵人家在大寒饮食上的讲究更加细致。因大寒与立春相交接，所以进补的食物量要逐渐减少，多添加些具有升散性质的食物，以适应春天万物的升发。

图118　风俗画《新正逛厂甸》

节 气 与 节 庆

　　节气与节日并不相同。虽然有些节日如立春、夏至、立秋、冬至等，是由节气发展而来，关系十分密切，联系千丝万缕，但节气本身并非节日。随着社会的发展，人们将客观存在的一些节气，赋予了人文的内容进而转变为节日。

　　地球每365天5时48分46秒，围绕太阳公转一周，每天24小时还要自转一次。由于地球旋转的轨道面同赤道面不是一致的，而是保持一定的倾斜，所以一年四季太阳光直射到地球的位置是不同的。以北半球来讲，太阳直射在北纬23.5度时，天文上就称为夏至；太阳直射在南纬23.5度时称为冬至；夏至和冬至即指已经到了夏、冬两季的中间了。一年中太阳两次直射在赤道上时，就分别为春分和秋分，这也就到了春、秋两季的中间，这两天白昼和黑夜一样长。二十四节气中反映四季变化的节气有：立春、春分、立夏、夏至、立秋、秋分、立冬、冬至8个节气。其中立春、立夏、立秋、立冬齐称"四立"，表示四季开始的意思。反映温度变化的有：小暑、大暑、处暑、小寒、大寒5个节气。反映天气现象的有：雨水、谷雨、白露、寒露、霜降、小雪、大雪7个节气。反映物候现象的有惊蛰、清明、小满、芒种4个节气。

　　二十四节气每一个分别相应于太阳在黄道上每运动15度所到达的一定位置。二十四节气又分为12个节气和12个中气，一一相间。二十四节气反映了太阳的周年运动，所以在公历中它们的日期是相对固定的，上半年的节气在6日，中气在21日，下半年的节气在8日，中气在23日，二者前后不差1～2日。现代人根据太阳在黄道上的位置，准确地确定了二十四节气的具体时间：

春季

　　立春　太阳位于黄经315度，2月2—5日交节
　　雨水　太阳位于黄经330度，2月18—20日交节
　　惊蛰　太阳位于黄经345度，3月5—7日交节
　　春分　太阳位于黄经0度，3月20—22日交节

清明　太阳位于黄经15度，4月4—6日交节
谷雨　太阳位于黄经30度，4月19—21日交节

夏季

立夏　太阳位于黄经45度，5月5—7日交节
小满　太阳位于黄经60度，5月20—22日交节
芒种　太阳位于黄经75度，6月5—7日交节
夏至　太阳位于黄经90度，6月21—22日交节
小暑　太阳位于黄经105度，7月6—8日交节
大暑　太阳位于黄经120度，7月22—24日交节

秋季

立秋　太阳位于黄经135度，8月7—9日交节
处暑　太阳位于黄经150度，8月22—24日交节
白露　太阳位于黄经165度，9月7—9日交节
秋分　太阳位于黄经180度，9月22—24日交节
寒露　太阳位于黄经195度，10月8—9日交节
霜降　太阳位于黄经210度，10月23—24日交节

冬季

立冬　太阳位于黄经225度，11月7—8日交节
小雪　太阳位于黄经240度，11月22—23日交节
大雪　太阳位于黄经255度，12月6—8日交节
冬至　太阳位于黄经270度，12月21—23日交节
小寒　太阳位于黄经285度，1月5—7日交节
大寒　太阳位于黄经300度，1月20—21日交节

节气日期速算法：通式寿星公式——[Y×D+C]－L
Y=年代数、D=0.2422、L=闰年数、C取决于节气和年份。
本世纪立春的C值=4.475，求2017年的立春日期如下：

$[2017×0.2422+4.475]-[2017/4-15]=492-489=3$。所以2017年的立春日期是2月3日。

传统节日更多的是从人们的日常生活衍生出来的，从一小部分人倡导，到后来广为流传，它反映了人们的喜怒哀乐和对美好未来的期盼。

春节

春节和年的概念，最初的含意来自农业，古时人们把谷的生长周期称为"年"，《说文·禾部》："年，谷熟也。"在夏商时代产生了夏历，以月亮圆缺的周期为月，一年划分为12个月，每月以不见月亮的那天为朔，正月朔日的子时称为岁首，即一年的开始，也叫年，年的名称是从周代开始的，至西汉才正式固定下来，一直延续到今天。但古时的正月初一被称为"元旦"，直到中国近代辛亥革命胜利后，南京临时政府为了顺应农时和便于统计，规定在民间使用夏历，在政府机关、厂矿、学校和团体中实行公历，以公历的元月一日为元旦，农历的正月初一称春节。

1949年9月27日，新中国成立，在中国人民政治协商会议第一届全体会议上，通过了使用世界上通用的公历纪元，把公历的元月1日定为元旦，俗称阳历年；农历正月初一通常都在立春前后，因而把农历正月初一定为"春节"，俗称阴历年。

图119　版画《春节》

传统意义上的春节是指从腊月初八的腊祭或腊月二十三的祭灶，一直到正月十五，其中以除夕和正月初一为高潮。在春节这一传统节日期间，我国的汉族和大多数少数民族都要举行各种庆祝活动，这些活动大多以祭祀神佛、祭奠祖先、除旧布新、迎禧接福、祈求丰年为主要内容。活动形式丰富多彩，带有浓郁的民族特色。

守岁，就是在旧年的最后一天夜里不睡觉，熬夜迎接新一年到来的习俗，也叫除夕守岁，俗名"熬年"。探究这个习俗的来历，在民间流传着一个有趣的故事：

太古时期，有一种凶猛的怪兽，散居在深山密林中，人们管它们叫"年"。它的形貌狰狞，生性凶残，专食飞禽走兽、鳞介虫豸，一天换一种口

图120 清郎世宁、丁观鹏、唐岱等绘
《岁朝图》

味，从磕头虫一直吃到大活人，让人谈"年"色变。后来，人们慢慢掌握了"年"的活动规律，它是每隔365天窜到人群聚居的地方尝一次口鲜，而且出没的时间都是在天黑以后，等到鸡鸣破晓，它们便返回山林中去了。

算准了"年"肆虐的日期，百姓们便把这可怕的一夜视为关口来煞，称作"年关"，并且想出了一整套过年关的办法。每到这一天晚上，每家每户都提前做好晚饭，熄火净灶，再把鸡圈牛栏全部拴牢，把宅院的前后门都封住，躲在屋里吃"年夜饭"。由于这顿晚餐具有凶吉未卜的意味，所以置办得很丰盛，除了要全家老小围在一起用餐表示和睦团圆外，还须在吃饭前先供祭祖先，祈求祖先的神灵保佑，平安地度过这一夜。吃过晚饭后，谁都不敢睡觉，挤坐在一起闲聊壮胆，就逐渐形成了除夕熬年守岁的习惯。

守岁习俗兴起于南北朝，梁朝的不少文人都有守岁的诗文。"一夜连双岁，五更分二年。"人们点起蜡烛或油灯，通宵守夜，象征着把一切邪瘟、病疫照跑驱走，期待着新的一年吉祥如意。这种风俗被人们传承至今。

万年创建历法说。相传，在古时候，有个名叫万年的青年，看到当时节令很乱，就有了想把节令定准的打算但是苦于找不到计算时间的方法。一天，他上山砍柴累了，坐下休息，树影的移动启发了他，他设计了一个测日影计天时的晷仪，测定一天的时间，后来，山崖上的滴泉启发了他的灵感，他又动手做了一个五层漏壶，来计算时间。天长日久，他发现每隔360多天，四季就轮回一次，天时的长短就重复一遍。

当时的国君叫祖乙，也常为天气风云的不测感到苦恼。万年知道后，就带着日晷和漏壶去见皇上，对祖乙讲清了日月运行的道理。祖乙听后龙颜大悦，感到有道理。于是把万年留下，在天坛前修建日月阁，筑起日晷台和漏壶亭。并希望万年能测准日月规律，推算出准确的晨夕时间，创建历法，为天下的黎民百姓造福。

有一次，祖乙去了解万年测试历法的进展情况。当他登上日月坛时，看见天坛边的石壁上刻着一首诗：

日出日落三百六，周而复始从头来。

草木枯荣分四时，一岁月有十二圆。

知道万年创建历法已成，祖乙亲自登上日月阁看望万年。万年指着天象，对祖乙说："现在正是十二个月满，旧岁已完，新春复始，祈请国君定个节吧。"祖乙说："春为岁首，就叫春节吧。"据说这就是春节的来历。冬去春来，年复一年，万年经过长期观察，精心推算，制定出了准确的太阳历，当他把太阳历呈奉给继任的国君时，已是满面银须。国君深为感动，为纪念万年的功绩，便将太阳历命名为"万年历"，封万年为日月寿星。以后，人们在过年时挂上寿星图，据说就是为了纪念德高望重的万年。

图121 清宫廷画家绘《乾隆帝雪景行乐图》轴

贴春联和门神。据说贴春联的习俗，大约始于1 000多年前的后蜀时期，这是有史为证的。此外根据《玉烛宝典》、《燕京岁时记》等著作记载，春联的原始形式就是人们所说的"桃符"。

在中国古代神话中，相传有一个鬼域的世界，当中有座山，山上有一棵覆盖三千里的大桃树，树梢上有一只金鸡。每当清晨金鸡长鸣的时候，夜晚出去游荡的鬼魂必赶回鬼域。鬼域的大门坐落在桃树的东北，门边站着两个神人，名叫神荼、郁垒。如果鬼魂在夜间干了伤天害理的事情，神荼、郁垒就会立即发现并将它捉住，用芒苇做的绳子把它捆起来，送去喂虎。因而天下的鬼都畏惧神荼、郁垒。于是民间就用桃木刻成他们的模样，放在自家门口，以避邪防害。后来，人们干脆在桃木板上刻上神荼、郁垒的名字，认为这样做同样可以镇邪去恶。这种桃木板后来就被叫做"桃符"。

图122 剪纸《门神》

到了宋代，人们便开始在桃木板上写对联，一则不失桃木镇邪的意义，二则表达自己美好心愿，三则装饰门户，以求美观。后来又在象征喜气吉祥的红纸上写对联，新春之际贴在门窗两边，用以表达人们祈求来年福运的美好心愿。

为了祈求一家的福寿康宁，一些地方的人们还保留着贴门神的习惯。据说，大门上贴上两位门神，一切妖魔鬼怪都会望而生畏。在民间，门神是正气和武力的象征，古人认为，相貌出奇的人往往具有神奇的禀性和不凡的本领。他们心地正直善良，捉鬼擒魔是他们的天性和责任，人们所仰慕的捉鬼天师钟馗，即是此种奇形怪相。所以民间的门神永远都怒目圆睁，相貌狰狞，手里拿着各种传统的武器，随时准备同敢于上门来的鬼魅战斗。由于我国民居的大门，通常都是两扇对开，所以门神总是成双成对。

唐代以后，除了以往的神荼、郁垒二将以外，人们又把秦叔宝和尉迟恭两位唐代武将当作门神。相传，唐太宗生病，听见门外鬼魅呼号，彻夜不得安宁。于是他让这两位将军手持武器立于门旁镇守，第二天夜里就再也没有鬼魅骚扰了。其后，唐太宗让人把这两位将军的形象画下来贴在门上，这一习俗开始在民间广为流传。

元宵节

元宵节是中国的传统节日，早在2 000多年前的西汉就有了，元宵赏灯始于东汉明帝时期，明帝提倡佛教，听说佛教有正月十五日僧人观佛舍利，点灯敬佛的做法，就命令这一天夜晚在皇宫和寺庙里点灯敬佛，令士族庶民都挂灯。以后这种佛教礼仪节日逐渐形成民间盛大的节日。该节经历了由宫廷到民间，由中原到全国的发展过程。

在汉文帝时，已下令将正月十五定为元宵节。汉武帝时，"太一神"[①]的祭祀活动定在正月十五。司马迁创建"太初历"时，就已将元宵节确定为重大节日。

另有一说是元宵燃灯的习俗起源于道教的"三元说"正月十五日为上元节，七月十五日为中元节，十月十五日为下元节。主管上、中、下三元的分别为天、地、人三官，天官喜乐，故上元节要燃灯。

元宵节的节期与节俗活动，是随历史的发展而延长、扩展的。就节期长短而言，汉代才1天，到唐代已为3天，宋代则长达

图123 《太平欢乐图册·卖花灯》

图124 明代绘《宫廷元宵节娱乐图》局部

5天，明代更是自初八点灯，一直到正月十七的夜里才落灯，整整10天。与春节相接，白昼为市，热闹非凡，夜间燃灯，蔚为壮观。特别是那精巧、多彩的灯火，更使其成为春节期间娱乐活动的高潮。至清代，又增加了舞龙、舞狮、跑旱船、踩高跷、扭秧歌等"百戏"内容，只是节期缩短为4～5天。

关于元宵节的来历，民间还有几种有趣的传说：

关于灯的传说。传说在很久以前，凶禽猛兽很多，四处伤害人和牲畜，人们就组织起来去打它们，有一只神鸟因为迷路而降落人间，却意外的被不知情的猎人给射死了。天帝知道后十分震怒，立即传旨，下令让天兵于正月十五日到人间放火，把人间的人畜财产通通烧死。天帝的女儿心地善良，不忍心看百姓无辜受难，就冒着生命的危险，偷偷驾着祥云来到人间，把这个消息告诉了人们。众人听说了这个消息，有如头上响了一个焦雷吓得不知如何是好。过了好久，才有个老人家想出个法子，他说："在正月十四、十五、

---

①太一：主宰宇宙一切之神。

十六日这三天，每户人家都在家里张灯结彩、点响爆竹、燃放烟火。这样一来，天帝就会以为人们都被烧死了。"大家听了都点头称是，便分头准备去了。到了正月十五这天晚上，天帝往下一看，发觉人间一片红光，响声震天，连续三个夜晚都是如此，以为是大火燃烧的火焰，心中大快。人们就这样保住了自己的生命及财产。为了纪念这次成功，从此每到正月十五，家家户户都悬挂灯笼，放烟火来纪念这个日子。

汉文帝时为纪念"平吕"而设。另一个传说是元宵节是汉文帝时为纪念"平

图125 《太平欢乐图册·卖元宵》

图126 清管希宁绘《元宵行乐图》

吕"而设。汉高祖刘邦死后，吕后之子刘盈登基为汉惠帝。惠帝生性懦弱，优柔寡断，大权渐渐落入吕后手中。汉惠帝病死后吕后独揽朝政，把刘氏天下变成了吕氏天下，朝中老臣及刘氏宗室深感愤慨，但都惧怕吕后残暴而敢怒不敢言。吕后病死后，诸吕惶惶不安害怕遭到伤害和排挤。于是，在上将军吕禄家中秘密集合，共谋作乱之事，以便彻底夺取刘氏江山。此事传至刘氏宗室齐王刘襄耳中，刘襄为保刘氏江山，决定起兵讨伐诸吕，随后与开国老臣周勃、陈平取得联系，设计解除掉吕禄，"诸吕之乱"终于被彻底平定。平乱之后，众臣拥立刘邦的第二个儿子刘恒登基，称汉文帝。文帝深感太平盛世来之不易，便把平息"诸吕之乱"的正月十五，定为与民同乐日，京城里家家张灯结彩，以示庆祝。从此，正

二十四节气

月十五便成了一个普天同庆的民间节日——"闹元宵"。

东方朔与元宵姑娘。这一则传说与吃元宵的习俗有关：相传汉武帝有个宠臣名叫东方朔，他善良又风趣。有一年冬天，下了几天大雪，东方朔就到御花园去给武帝折梅花，刚进园门，就发现有个宫女泪流满面准备投井。东方朔慌忙上前搭救，并问明她要自杀的原因。原来，这个宫女名叫元宵，家里还有双亲及一个妹妹。自从她进宫以后，就再也无缘和家人见面。每年到了腊尽春来的时节，就比平常更加的思念家人。觉得不能在双亲膝下尽孝，不如一死了之。东方朔听了她的遭遇，深感同情，就向她保证，一定设法让她和家人团聚。一天，东方朔出宫在长安街上摆了一个占卜摊，不少人都争着向他占卜求卦。不料，每个人所占所求，都是"正月十六火焚身"的签语。一时之间，长安城里起了很大恐慌，人们纷纷求问解灾的办法。东方朔就说："正月十三日傍晚，火神君会派一位赤衣神女下凡查访，她就是奉旨烧长安的使者，我把抄录的偈语给你们，可让当今天子想想办法。"说完，便扔下一张红帖，扬长而去。老百姓拿起红帖，赶紧送到皇宫去禀报皇上。汉武帝接过来一看，只见上面写着："长安在劫，火焚帝阙，十五天火，焰红宵夜"，他心中大惊，连忙请来了足智多谋的东方朔。东方朔假意地想了一想，就说："听说火神君最爱吃汤圆，宫中的元宵不是经常给你做汤圆吗？十五晚上可让元宵做好汤圆，万岁焚香上供，传令京都家家都做汤圆，一齐敬奉火神君。再传谕臣民一起在十五晚上挂灯，满城点鞭炮、放烟火，好像满城大火，这样就可以瞒过玉帝了。此外，通知城外百姓，十五晚上进城观灯，杂在人群中消灾解难。"武帝听后，十分高兴，就传旨照东方朔的办法去做。到了正月十五日长安城里张灯结彩，游人熙来攘往，热闹非常。宫女元宵的父母也带着妹妹进城观灯。当他们看到写有"元宵"字样的大宫灯时，惊喜的高喊："元宵！元宵！"元宵听到喊声，终于和家里的亲人团聚了。如此热闹了一夜，长安城果然平安无事，汉武帝大喜，便下令以后每到正月十五都做汤圆供火神君，正月十五照样全城挂灯放烟火。因为元宵做的汤圆最好，人们就把汤圆叫元宵，这天叫做元宵节。

二月二龙抬头

古代称之为中和节，俗称龙抬头。民间传说，每逢农历二月初二，是天上主管云雨的龙王抬头的日子，从此以后，雨水会逐渐增多起来。所谓"龙抬头"指的是经过冬眠，百虫开始苏醒。所以俗话说："二月二，龙抬头，蝎子、蜈蚣都露头。"因此，这天也叫"春龙节"。

农历二月初二还是"惊蛰"前后，大地开始解冻，天气逐渐转暖，春回大地，万物复苏，蛰伏在泥土或洞穴里的昆虫蛇兽，将从冬眠中醒来，传说

图127 版画《二月二龙抬头》

中的龙也从沉睡中醒来，农民告别农闲，开始下地劳作了。所以，古时也把"二月二"又叫做"上二日"。因此，盛行于我国民间的春龙节，在古时又称"春耕节"。据说，这一天如果龙还没有醒的话，那轰轰隆隆的雷声就要来呼唤它了。

在北方，二月二又叫龙抬头日、春龙节、农头节。广泛的流传着"二月二，龙抬头；大仓满，小仓流"的民谚。在南方叫踏青节，古称挑菜节。依据气候规律，农历二月二之时，我国大部分地区受季风气候影响，温度回升，日照时数增加，雨水也逐渐增多，光、温、水条件已能满足农作物的生长，所以二月二也是南方农村的农事节。大约从唐代开始，中国人就有过二月二的习俗。

沈榜《宛署杂记》记载："宛人呼二月二为龙抬头。乡民用灰自门外委婉布入宅厨，旋绕水缸，呼为引龙回。"明人于奕正、刘侗的《帝京景物略》中说："二月二日曰龙抬头、煎元旦祭余饼，熏床炕，曰，熏虫儿；谓引龙，虫不出也。"俗话说"龙不抬头天不下雨"，龙是祥瑞之物，和风化雨的主宰。"春雨贵如油"，人们祈望龙抬头兴云作雨，滋润万物。同时，二月二正是惊蛰前后，百虫蠢动，疫病易生，古代中国人把生物分成毛虫（披毛兽类）、羽虫（鸟类）、介虫（有甲壳类）、鳞虫（有鳞之鱼类和有翅之昆虫类）和人类五大类。龙是鳞虫之长，龙出则百虫伏藏。所以，农历二月初二龙抬头，是希望借龙威以慑服蠢蠢欲动的虫子，目的在于祈求农业丰收与人畜平安。

在我国北方民间流传着这样一个神话故事。说武则天当上皇帝，惹恼了玉皇大

《二月二理龙须》

图128 剪纸《二月二理龙须》

帝，传谕四海龙王，三年内不得向人间降雨。不久，司管天河的龙王听见民间人家的哭声，看见饿死人的惨景，担心人间生路断绝，便违抗玉帝的旨意，为人间降了一次雨。玉帝得知，把龙王打下凡间，压在一座大山下受罪，山上立碑："龙王降雨犯天规，当受人间千秋罪；要想重登灵霄阁，除非金豆开花时。"人们为了拯救龙王，到处找开花的金豆。到次年农历二月初二，人们正在翻晒玉米种子时，想到这玉米就像金豆，炒一炒开了花不就是金豆开花吗？于是家家户户爆玉米花，并在院子里设案焚香，供上开了花的"金豆"。龙王抬头一看，知道百姓救它，便大声向玉帝喊道："金豆开花了，快放我出去！"玉帝一看人间家家户户院里金豆花开放，只好传谕，诏龙王回到天庭，继续给人间兴云布雨。从此，民间形成习惯，每到二月初二这一天，就吃爆玉米花。

这种"天上人间，融为一体"的民间故事，是古代劳动人民智慧的结晶；从另一个角度也反映出古代农业受天气制约的现实以及耕者渴望风调雨顺、五谷丰登的美好愿望。但据资料记载，"二月二，龙抬头"与古代天文学对星辰运行的认识和农业节气有关。古代天文学观天模式，在周天黄道确定28个星座，称为28宿。古人将这28个星宿按照东南西北分成4宫，每宫7宿，并按照它们的形象将4宫附会为4种动物。其中东宫7宿被想像成一条南北伸展的巨龙，由30颗恒星组成。恒星是相对不动的，当地球公转的位置使巨龙星座与太阳处在同一方向时，太阳的光芒就会淹没掉星光，人们就会看不到天上的那条巨龙；而过一段时间以后，地球的位置移动了，巨龙星座又会重新出现，周而复始，古人发现了这个规律，并以它来判断时令。当被称为"龙角"的东宫7宿的第一宿出现在地平线的时候，正值春天来

河南伊川县大莘店炎帝庙神农炎帝像

图129　炎帝庙二月二祭祀

临，所以，古人将它的出现作为春天到来的标志。此时，恰逢我国农历二月雨水节气前后，由此产生了"二月二，龙抬头"的说法。唐代著名诗人白居易有诗云："二月二日新雨晴，草芽菜甲一时生；轻衫细马春年少，十字津头一字行。"

每当春龙节到来，我国北方大部分地区在这天早晨家家户户打着灯笼到井边或河边挑水，回到家里便点灯、烧香、上供。旧时，人们把这种仪式叫做"引田龙"。这一天，家家户户还要吃面条、炸油糕、爆玉米花，并将之比作为"挑龙头"、"吃龙胆"、"金豆开花，龙王升天，兴云布雨，五谷丰登"，以示吉庆。

　　这一天，其他习俗也很多。起床前，先念"二月二，龙抬头，龙不抬头我抬头。"起床后还要打着灯笼照房梁，边照边念："二月二照房梁，蝎子蜈蚣无处藏。"有的地方妇女不动针线，怕伤了龙的眼睛；有的地方停止洗衣服，怕伤了龙皮，等等。

　　二月二在饮食上有一定的讲究，因为人们相信"龙威大发"，就会风调雨顺，才能五谷丰登，所以这一天的饮食多以龙为名。吃春饼名曰"吃龙鳞"，吃面条则是"扶龙须"，吃米饭名曰"吃龙子"；吃馄饨名曰"吃龙眼"，而吃饺子名曰"吃龙耳"。这一切都是为了唤醒龙王，祈求龙王保佑一年风调雨顺，获得好收成。

　　这一天还要吃猪头。古代猪头是祭奠祖先、供奉上天的供品，平常的时间猪头是不能随便吃的，一般农户人家辛辛苦苦忙了一年，到腊月二十三过小年时杀猪宰羊。从这一天起就开始改善伙食，每天饭菜都要见点肉，除夕夜全家吃团圆饭，初一吃饺子，破五吃饺子，正月十五吃元宵，等到正月一过，年也过了，节也过了，腊月杀的猪肉基本上都吃光了，最后只剩下一个猪头，这猪头只能留在二月二才能吃。龙王是管降雨的，所以农民要把最好的祭品供上给龙王吃。

　　在众多的食俗活动中，这天摊煎饼和吃炒豆的人最多。民间认为，这一天是东海龙王的生日，煎饼是龙王的胎衣。吃煎饼，是为龙王嚼灾，扔煎饼，是为了掩埋龙王的胎衣。

　　在往昔，北京到了农历二月二这天，各家各户要吃"懒龙"，说是吃了"懒龙"，可以解除春懒。所谓"懒龙"，是用发面蒸的一条长形卷体，做法是把发面擀薄制成长片，放上和好的肉馅，然后卷成长条形，盘于笼屉中，蒸熟后切开，家人分而食之。

　　二月二这天还有一项重要的活动就是接"姑奶奶"，即娘家人接回已出嫁的女儿，故有"二月二接宝贝儿"之说。因为老北京人的礼数多，其中正月里"姑奶奶"是不能住在娘家的，初二到娘家拜了年后也必须当天赶回婆家。但到了二月初二，娘家人就来接女儿回去，住上几天或半个月，一是正月里忙活了好长时间，比较劳累，接回娘家好好歇一歇；二是新的一年刚开始，又要忙碌了，所以要犒劳犒劳她。在被接回来的日子里，"姑奶奶"除了吃喝，就是串门聊天儿，轻松而愉快。

图130　清雍正朝绘《皇帝祭先农坛》局部

二月二这天的另一项活动是皇帝耕田。因为每年的二月二这天差不多是在惊蛰前后，"惊蛰一犁土，春分地气通"。从此北方就到了春耕大忙的时候。为了动员人们赶快投入春耕生产，别误农时，二月二这天皇帝要象征性地率百官出宫到他的"一亩三分地"耕地松土。明代和清代前期的帝王每年二月二，都要到先农坛内耕地松土，从清朝雍正皇帝开始，每年的二月二这天改为出圆明园，到"一亩园"（今海淀圆明园西侧）扶犁耕田。过去曾有一幅年画，叫《皇帝耕田图》，画中是一个头戴王冠、身穿龙袍的皇帝正手扶犁耙耕田，身后跟着一位大臣，一手提着竹篮，一手在撒种，牵牛的是一位身穿长袍的七品县官，远处是挑篮送饭的皇后和宫女。画上还题了一首打油诗："二月二，龙抬头，天子耕地臣赶牛，正宫娘娘来送饭，当朝大臣把种丢，春耕夏耘率天下，五谷丰登太平秋。"这幅画也说明人们希望有一个开明的皇帝，能够亲自春耕夏耘，使老百姓丰衣足食。

图131　宋绘《贡院会试图》

二月初九、十二日、十五日三天是科举会试的时间。会试是中国古代科举制度中的中央考试科别之一，为明清科举四级考试制度的第三级。一般三年一次，由礼部主持，因而又称礼闱，也称"春试"、"春闱"、"春榜"、"杏榜"等。考试地点在京城的礼部贡院。由礼部主持，主考由皇帝亲自任命。参加考试的是举人。会试第一名称为会元（乡试第一名为解元，会试第一名为会元，殿试第一名为状元，合称"三元"，历史上连中三元者甚少）。

上巳节

上巳节是汉族古老的传统节日，俗称三月三，该节日在汉代以前定为三月上旬的巳日，不仅是祛邪求吉的节日，也被称作女儿节，女儿们在此时要行成年礼。上巳节时"官民皆絜(洁)于东流水上，曰洗濯祓除，去宿垢疢(病)，为大絜。"后又增加了临水宴宾、踏青的内容。晚上，家家户户在自己家里每个房间放鞭炮炸鬼，传说这天鬼魂到处出没。可惜，宋代以后礼教渐严，男女私会不被容许，这个节日也日趋没落，最终被人们遗忘。踏青也改在清明进行。如果重阳节可以称为山顶上的节日，那么上巳节就可以称为水边上的节日了。傣族至今保持着这个节日，即著名的泼水节。《论语》中记载，孔子和他的几个学生在暮春之时，穿着春装，在沂水中沐浴，就是这种节日习俗的痕迹。

最早记录这个节日的是西汉初期的文献，《周礼》郑玄注："岁时祓除，如今三月上巳，如水上之类。"经过文化名人的点缀，这个节日便具有了高雅

图132　唐张萱绘《虢国夫人游春图》（宋摹本）

图133　轩辕故里

情调。魏晋以后，上巳节改为三月三，后代沿袭，遂成汉族水边饮宴、郊外游春的节日。还有三月三是黄帝诞辰的说法，俗语云"三月三生轩辕"。

"上巳节"与中国书法有着联系。公元353年的"上巳节"，王羲之和41位

文友聚会绍兴兰亭，并写就《兰亭序》，此后"文人雅聚，曲水流觞"成为千古佳话。

上巳节古人在野餐时将煮熟的鸡蛋、鸭蛋等投入河中，使其顺流而下，等候在下游的人，从水中取而食之，谓之"曲水浮素卵"；也有人将红枣投入激流中，叫"曲水浮绛枣"。刚煮熟的热鸡蛋很难剥，投在清水里漂一会再吃倒是个好玩的主意。蛋在任何一个文化里都是生育的符号。壮族、侗族等民族，三月三还有吃彩蛋的习俗。唐代，三月三仍然是一个全国性的重要节日。每逢此节，皇帝都要在曲江大宴群臣，所谓"曲水流觞"，自宋代之后上巳节的许多传统逐渐消失了。

图134 清苏六朋绘
《曲水流觞图》

清明节

清明是我国的二十四节气之一。由于二十四节气比较客观地反映了一年四季气温、降雨、物候等方面的变化，所以古代劳动人民用它安排农事活动。《淮南子·天文训》云："春分后十五日，斗指乙，则清明风至。"按《岁时百问》的说法："万物生长此时，皆清洁而明净。故谓之清明。"清明一到，气温升高，雨量增多，正是春耕春种的大好时节。故有"清明前后，点瓜种豆"、"植树造林，莫过清明"的农谚。可见这个节气与农业生产有着密切的关系。但是，清明作为节日，与纯粹的节气又有所不同。节气是我国物候变化、时令顺序的标志，而节日则包含着一定的风俗活动和某种纪念意义。

清明节是我国传统节日，也是最重要的祭祀节日，是祭祖和扫墓的日子。扫墓俗称上坟，是祭祀死者的一种活动。汉族和一些少数民族大多都是在清明节扫墓。按照旧的习俗，扫墓时，人们要携带酒食果品、纸钱等物品到墓地，将食物供祭在亲人墓前，

图135 清明时节雨纷纷

再将纸钱焚化，为坟墓培上新土，折几枝嫩绿的新树枝插在坟上，然后叩头行礼祭拜，最后吃掉酒食回家。唐代诗人杜牧的诗《清明》："清明时节雨纷纷，路上行人欲断魂。借问酒家何处有？牧童遥指杏花村"，写出了清明节的特殊气氛。

清明节，又叫踏青节，按阳历来说，它是在每年的4月4日至6日之间，正是春光明媚草木吐绿的时节，也是人们春游（古代叫踏青）的好时候，所以古人有清明踏青，并开展一系列体育活动的的习俗直到今天，清明节祭拜祖先，悼念已逝亲人的习俗仍很盛行。

图136　风俗画《清明插柳图》

图137　踏青好去处——五台山

清明节的习俗是丰富有趣的，除了讲究禁火、扫墓，还有踏青、荡秋千、蹴鞠、打马球、插柳等一系列风俗体育活动。相传这是因为清明节要寒食禁火，为了防止寒食冷餐伤身，所以大家来参加一些体育活动，以锻炼身体。因此，这个节日中既有祭扫新坟、生别死离的悲酸泪，又有踏青游玩的欢笑声，是一个富有特色的节日。

荡秋千是我国古代清明节的习俗。秋千，意即揪着皮绳而迁移。它的历史很古老，最早叫千秋，后为了避忌讳，改为秋千。古时的秋千多用树枝桠为架，再拴上彩带做成。后来逐步发展为用两

图138　清陈枚绘《月曼清游图册·杨柳荡千》

根绳索加上踏板的秋千。打秋千不仅可以增进健康，而且可以培养勇敢精神，至今仍为人们特别是儿童所喜爱。

蹴鞠是一种皮球，球皮用皮革做成，球内用毛塞紧。就是用足去踢球。这是古代清明节时人们喜爱的一种游戏。相传是黄帝发明的，最初目的是用来训练武士。

放风筝也是清明时节人们所喜爱

图139　宋钱选绘《宋太祖蹴鞠图》

图140　风俗画《十美图·放风筝》

的活动。每逢清明时节，人们不仅白天放，夜间也放。夜里在风筝下或风筝拉线上挂上一串串彩色的小灯笼，像闪烁的明星，被称为"神灯"。过去，有的人把风筝放上蓝天后，便剪断牵线，任凭清风把

图141　宋张择端绘《清明上河图》局部

它们送往天涯海角，据说这样能除病消灾，给自己带来好运。

历代文人留下了一些著名诗句：

《途中寒食》

（唐）　宋之问

马上逢寒食，途中属暮春。

可怜江浦望，不见洛桥人。

北极怀明主，南溟作逐臣。

故园肠断处，日夜柳条新。

《寒食》

（唐）　韩　翃

春城无处不飞花，寒食东风御柳斜。

日暮汉宫传蜡烛，轻烟散入五侯家。

《阊门即事》

（唐）　张　继

耕夫召募爱楼船，春草青青万顷田；

试上吴门窥郡郭，清明几处有新烟。

《清明》

（宋）　王禹偁

无花无酒过清明，兴味萧然似野僧。

昨日邻家乞新火，晓窗分与读书灯。

《苏堤清明即事》

（宋）　吴惟信

梨花风起正清明，游子寻春半出城。

日暮笙歌收拾去，万株杨柳属流莺。

《寒食上冢》

（宋）　杨万里

迳直夫何细！桥危可免扶？

远山枫外淡，破屋麦边孤。

宿草春风又，新阡去岁无。

梨花自寒食，进节只愁余。

《郊行即事》

（宋）程　颢

芳草绿野恣行事，春入遥山碧四周；

兴逐乱红穿柳巷，固因流水坐苔矶；

莫辞盏酒十分劝，只恐风花一片红；

况是清明好天气，不妨游衍莫忘归。

《送陈秀才还沙上省墓》

（明）高　启

满衣血泪与尘埃，乱后还乡亦可哀。

风雨梨花寒食过，几家坟上子孙来？

《清江引·清明日出游》

（明）王　磐

问西楼禁烟何处好？

绿野晴天道。

马穿杨柳嘶，人倚秋千笑，

探莺花总教春醉倒。

端午节

　　农历五月初五是端午节。端午节始于中国的春秋战国时期，至今已有2 000多年历史。端午节一直是一个多民族的全民健身、防疫祛病、避瘟驱毒、祈求健康的民俗佳节。

　　端午节是我国所有传统节日中叫法最多的节日。据统计，端午节的名称多达20多个，堪称节日别名之最。如端午节、端五节、端阳节、重午节、天中节、夏节、五月节、菖蒲节、龙舟节、解粽节、粽子节、诗人节、女儿节、浴兰节、龙日、地腊等名称。

　　一般人们认为端午节是为了纪念投汨罗江而死的忠臣屈原。史料记载，公元前278年农历五月初

图142　屈原祠

图143 《端阳故事图册·观竞渡》

图144 《端阳故事图册·裹角黍》

五，楚国大夫、爱国诗人屈原听到秦军攻破楚国都城的消息后，悲愤交加，心如刀割，毅然写下绝笔作《怀沙》，抱石投入汨罗江，以身殉国。沿江百姓纷纷引舟竞渡前去打捞，沿水招魂，并将粽子投入江中，以免鱼虾蚕食他的身体。千百年来，屈原的爱国精神和感人诗辞，深入人心。人们"惜而哀之，世论其辞，以相传焉"。在民俗文化领域，中国民众从此把端午节的龙舟竞渡和吃粽子等，与纪念屈原紧密联系在一起。随着屈原影响的不断增大，端午节也逐步传播开来，成为中华民族的节日。

其实关于端午节的起源，史籍资料中有许多不同的说法，其中比较有影响的有四种。一是认为端午节起源于古代吴越民族对龙图腾的崇拜。近代大量出土文物和考古研究证实，长江中下游广大地区，在新石器时代，有一种几何印纹陶为特征的文化遗存。据专家推断，该遗存的族属是一个崇拜龙图腾的部族——史称吴越族。出土陶器上的纹饰和历史传说表明，他们有断发纹身的习俗，生活于水乡，自比是龙的子孙。直到秦汉时

图145 《端阳故事图册·采药草》

代仍有吴越人，称端午节是他们创立用于祭祖的节日。该说法虽说有一定的根据，但是其真实性还有待于进一步考察研究才能证明。二是说端午节插艾草、悬菖蒲都是为了夏日驱病防病，与古俗视五月为"恶月"、视五月五日为"恶日"相应，所以端午节是起源于古代"恶月"、"恶日"说。三是纪念孝女曹娥。传说东汉时期有一个著名的孝女曹娥，她父亲在江上划龙船迎潮神时被淹死，数日不见尸体，当时曹娥年仅14岁，昼夜沿江号哭。过了七天七夜仍不见尸体，于是她在五月初五跳江寻找父亲，后来抱出父尸。人们被她的精神所感动，为她建了一座庙，称为曹娥庙。传说这一天为了纪念曹娥，人们纷纷来水上赛龙舟。但端午节是不是为了纪念曹娥还有待考证。第四种说法，也是在民间影响最大、范围最广的看法，认为端午节是为了纪念投汩罗江而死的屈原。

民俗专家说，在古代，五月俗称"恶月"、"毒月"，五日又称"恶日"、"毒日"。五月初五为恶月恶日，这是人们最忌讳的。因此，端午节最早一直是作为祛除病疫、躲避兵鬼、驱邪禳灾的节日流传下来的。端午在古时被认为是毒日和恶日，因此，旧时过端午节以保健、避疫为主要原则，形成了插蒲草、艾叶，喝雄黄酒，拴五色丝线等驱邪避疫的特殊习俗。艾草、菖蒲和蒜被称为"端午三友"。端午节这天，人们以菖蒲作剑，以艾作鞭，以蒜作锤，又称"三种武器"，认为可以退蛇虫、灭病菌、斩妖除魔、驱毒避邪。端午期间，时近夏至，正是寒气、暑气交互转换之时，多雨潮湿，毒虫滋生，人最容易生病。因此，古人在端午节悬挂艾草、菖蒲和蒜头的做法并非完全出于盲目崇信，确实可以避毒虫、消病毒、除恶气。雄黄，其色橙红，有解毒杀虫的功效，可治痈疮肿毒、虫蛇咬伤。俗信端午节时有"五毒"之说，所谓"五毒"，指的是蛇、蝎、蜈蚣、壁虎和蟾蜍。民间认为，饮了雄黄酒便可以杀"五毒"。神话传说《白蛇传》中，白娘子饮雄黄酒，现出蛇身的原形。因此，民间便认为蛇、蝎、蜈蚣等毒虫可由雄黄酒破解。五色丝线，古俗名称避兵缯、朱

图146 《端阳故事图册·挂艾蒿》

索等。早在东汉应劭著《风俗通》中就已经记载，把它系在臂上可避除兵鬼、不染病疫。因此，每年端午节清晨，各家大人起床后的第一件大事便是在孩子手腕、脚腕、脖子上拴上五色丝线。在今天看来，古人的这些防病防疫措施和方法显得落后和原始，甚至还带有迷信色彩，但它却体现出了古人驱邪禳灾的美好心愿。

姑姑节

"六月六，请姑姑"。过去，每逢农历六月初六，农村的风俗都要请回已出嫁的老少姑娘，好好招待一番再送回去。相传在春秋战国时期，晋国有个宰相叫狐偃。他是保护和跟随文公重耳流亡到列国的功臣，封相后勤理朝政，十分精明能干，晋国上下对他都很敬重。每逢六月初六狐偃过生日的时候，总有无数的人给他拜寿送礼。就这样狐偃慢慢地骄傲起来。时间一长，人们对他不满了。但狐偃权高势重，人们都对他敢怒不敢言。狐偃的女儿亲家是当时的功臣赵衰。他对狐偃的作为很反感，就直言相劝。但狐偃听不进苦口良言，当众责骂亲家。赵衰年老体弱，不久因气而死。他的儿子恨岳父不讲仁义，决心为父报仇。

第二年，晋国夏粮遭灾，狐偃出京放粮，临走时说，六月初六一定赶回来过生日。狐偃的女婿得到这个消息，决定六月初六大闹寿筵，杀狐偃，报父仇。狐偃的女婿见到妻子。问她："像我岳父那样的人，天下的老百姓恨不恨？"狐偃的女儿对父亲的作为也很生气，顺口答道："连你我都恨他，还用说别人？"他丈夫就把计划说出来。他妻子听了，脸一红一白，说："我是你家的人，顾不得娘家了，你看着办吧！"从此以后，狐偃的女儿整天心惊肉跳，她恨父亲狂妄自大，对亲家绝情。但转念想起父亲的好，亲生女儿不能见死不救。她最后在六月初五跑回娘家告诉母亲丈夫的计划。母亲大惊，急忙连夜给狐偃送信。狐偃的女婿见妻子逃跑了，知道机密败露，闷在家里等狐偃来收拾自己。

图147　泰山天贶殿

六月初六一早，狐偃亲自来到亲家府上，狐偃见了女婿就像没事一样，翁婿二人并马回相府去了。那年拜寿筵上，狐偃说："老夫今年放粮，亲见百姓疾苦，深知我近年来做事有错。今天贤婿设计害我，虽然过于狠毒，但事没办成，他是为民除害，为父报仇，老夫决不怪罪。女儿救父危机，尽了大孝，理当受我一拜。并望贤婿看在我面上，不计仇恨，两相和好！"

从此以后，狐偃真心改过，翁婿比以前更加亲近。为了永远记取这个教训，狐偃每年六月六都要请回闺女、女婿团聚一番。这件事情传扬出去，老百姓纷纷仿效，也都在六月六接回闺女，应个消仇解怨、免灾去难的吉利。年长日久，相沿成习，流传至今，人们称为"姑姑节"。

图148　王力宏绘《古代风俗百图·晒书翻经》

农历六月初六，除了是"姑姑节"外，在古代还是另外一个节日，名叫"天贶（赐赠的意思）节"。天贶节起源于宋真宗赵恒。某年的六月六日，他声称上天赐给他天书，遂定是天为天贶节，还在泰山脚下的岱庙建造一座宏大的天贶殿。天贶节的民俗活动，虽然已渐渐被人们遗忘，但有些地方还有残余。江苏东台县人，在这一天早晨全家老少都要互道恭喜，并吃一种用面粉掺和糖油制成的糕屑，有"六月六，吃了糕屑长了肉"的说法。还有"六月六，家家晒红绿"的俗谚。"红绿"指五颜六色的各样衣服。此谚的后一句，又作"家家晒龙袍"，在扬州有个解释，说乾隆皇帝在扬州巡游的路上恰遭大雨，淋湿了外衣，又不好借百姓的衣服替换，只好等待雨过天晴，将湿衣晒干再穿，这一天正好是六月六，因而有"晒龙袍"之说。江南地区，经过了梅雨季节，藏在箱底的衣物容易上霉，取出来晒一晒，可免霉烂。此外还有给猫狗洗澡的趣事，叫做"六月六，猫儿狗儿同洗浴"。

六月初六晒书籍字画也成为一种惯例，这一天人们要将家中藏书或字画拿出来晒一晒，以免生虫。晒书是有讲究的既要是暴晴的天，也要其掌握时段。上午10：00到中午12：00为最佳时段，此时段阳光不甚强烈，对书伤害极小。而正午到下午3：00，则是一天中温度最高的时段。此时晒书，最易伤书。临近中午将晒好的书全部收箱。那书晒过之后，霉味全无，重新泛出油墨的清香。豁然间，心窗大开，人生之徐徐清风鱼贯而入，把卷临风，"其喜洋洋矣！"

六月六也是佛寺的一个节日，叫做"翻经节"。传说唐僧到西天取经回来，不慎将所有经书丢落到海中，捞起来晒干了，方才保存下来。因此寺院藏经也在这一天翻检暴晒，和晒节书异曲同工。

七夕节

传说织女是仙界中纺织彩虹的仙女，她对于天界的一成不变的法则早以厌倦。她渴望自由，向往爱情、浪漫和无拘无束的生活。有一天，她在织彩虹时看到一个放牛郎，仙女深深的被这位牛郎吸引。仙女心中早想要离开仙界，去感受一下人间的温暖，于是她下界去找到了牛郎，与牛郎幸福的生活在一起。但好景不长，这一消息很快被王母娘娘知晓，王母娘娘下令抓回了仙女，并且施法让他们隔银河相望。牛郎和织女虽不能在一起，但他们真心的一直在爱着对方。这种爱情感化了喜鹊，每到了七夕这一天，喜鹊就会飞来搭成一座桥，让牛郎织女重逢。

这个节日起源于汉代，东晋葛洪的《西京杂记》有"汉彩女常以七月七日穿七孔针于开襟楼，人俱习之"的记载，这便是我们于古代文献中所见到的最早的关于乞巧的记载。汉代画像石上的牛

图149 清姚文翰绘《七夕图轴》

图150 清丁观鹏绘《乞巧图》

宿、女宿图。"七夕"最早来源于人们对自然的崇拜。从历史文献上看，至少在三四千年前，随着人们对天文的认识和纺织技术的产生，有关牵牛星织女星的记载就有了。人们对星星的崇拜远不止是牵牛星和织女星，他们认为东西南北各有

图151 清陈枚绘《月曼清游图册·洞荫乞巧》

七颗代表方位的星星，合称二十八宿，其中以北斗七星最亮，可供夜间辨别方向。北斗七星的第一颗星叫魁星，又称魁首。后来，有了科举制度，中状元叫"大魁天下士"，读书人把七夕叫"魁星节"，又称"晒书节"，保持了最早七夕来源于星宿崇拜的痕迹。

"七夕"也来源古代人们对时间的崇拜。"七"与"期"同音，月和日均是"七"，给人以时间感。古代中国人把日、月与水、火、木、金、土五大行星合在一起叫"七曜"。七数在民间表现了时间上的阶段性，在计算时间时往往以"七七"为终局。旧北京在给亡人做道场时往往以做满"七七"为完满。以"七曜"计算现在的"星期"，在日语中尚有保留。"七"又与"吉"谐音，"七七"又有双吉之意，是个吉利的日子。在台湾，七月被称为"喜中带吉"月。因为喜字在草书中的形状好似连写的"七十七"，所以把七十七岁又称"喜寿"。

"七夕"又是一种数字崇拜现象，古代民间把正月正、三月三、五月五、七月七、九月九再加上预示成双的二月二和三的倍数六月六这"七重"均列为吉庆日。"七"又是算盘每列的珠数，浪漫而又严谨，给人以神秘的美感。"七"与"妻"同音，于是七夕在很大程度上成了与女人相关的节日。古代文人墨客为七夕留下了不少佳作名句：

《迢迢牵牛星》

（梁）萧 统

迢迢牵牛星，皎皎河汉女。纤纤擢素手，札札弄机杼。

终日不成章，泣涕零如雨。河汉清且浅，相去复几许。

盈盈一水间，脉脉不得语。

《七夕》

（唐）权德舆

今日云骈渡鹊桥，应非脉脉与迢迢。
家人竟喜开妆镜，月下穿针拜九宵。

《七夕》

（唐）徐凝

一道鹊桥横渺渺，千声玉佩过玲玲。
别离还有经年客，怅望不如河鼓星。

《乞巧》

（唐）林杰

七夕今宵看碧霄，牛郎织女渡鹊桥；
家家乞巧望秋月，穿尽红丝几万条。

《七夕词》

（唐）崔颢

长安城中月如练，家家此夜持针线。
仙裙玉佩空自知，天上人间不相见。
长信深阴夜转幽，瑶阶金阁数萤流。
班姬此夕愁无限，河汉三更看斗牛。

《七夕》

（唐）白居易

烟霄微月澹长空，银汉秋期万古同。
几许欢情与离恨，年年并在此宵中。

《七夕》

（唐）曹松

牛女相期七夕秋，相逢俱喜鹊横流。
彤云缥缈回金辂，明月婵娟挂玉钩。
燕羽几曾添别恨，花容终不更含羞。
更残便是分襟处，晓箭东来射翠楼。

《七夕》

（唐）崔国辅

太守仙潢族，含情七夕多。扇风生玉漏，置水写银河。
阁下陈书籍，闺中曝绮罗。遥思汉武帝，青鸟几时过？

《七夕》

（唐）崔涂

年年七夕渡瑶轩，谁道秋期有泪痕？

自是人间一周岁，何妨天上只黄昏。

《七夕》

（唐）窦常

露盘花水望三星，仿佛虚无为降灵。

斜汉没时人不寐，几条蛛网下风庭。

楚塞余春听渐稀，断猿今夕让沾衣。

云埋老树空山里，仿佛千声一度飞。

《秋夕》

（唐）杜牧

银烛秋光冷画屏，轻罗小扇扑流萤。

天阶夜色凉如水，坐看牵牛织女星。

《七夕》

（唐）杜牧

云阶月地一相过，未抵经年别恨多。

最恨明朝洗车雨，不教回脚渡天河。

《七夕》

（唐）杜审言

白露含明月，青霞断绛河。天街七襄转，阁道二神过。

祆服锵环佩，香筵拂绮罗。年年今夜尽，机杼别情多。

《七夕赋咏成篇》

（唐）何仲宣

日日思归勤理鬓，朝朝伫望懒调梭。

凌风宝扇遥临月，映水仙车远渡河。

历历珠星疑拖佩，冉冉云衣似曳罗。

通宵道意终无尽，向晓离愁已复多。

《七夕》

（唐）李贺

别浦今朝暗，罗帷午夜愁。鹊辞穿线月，花入曝衣楼。

天上分金镜，人间望玉钩。钱塘苏小小，更值一年秋。

《奉和七夕两仪殿会宴应制》

（唐）李 峤

灵匹三秋会，仙期七夕过。查来人泛海，桥渡鹊填河。
帝缕升银阁，天机罢玉梭。谁言七襄咏，重入五弦歌。

《同赋山居七夕》

（唐）李 峤

明月青山夜，高天白露秋。花庭开粉席，云岫敞针楼。
石类支机影，池似泛槎流。暂惊河女鹊，终狎野人鸥。

《七夕歌》

（唐）刘言史

星寥寥兮月细轮，佳期可想兮不可亲。
云衣香薄妆态新，彩軿悠悠度天津。
玉幌相逢夜将极，妖红惨黛生愁色。
寂寞低容入旧机，歇著金梭思往夕。
人间不见因谁知，万家闺艳求此时。
碧空露重彩盘湿，花上乞得蜘蛛丝。

《七夕》

（唐）李商隐

鸾扇斜分凤幄开，星桥横过鹊飞回。
争将世上无期别，换得年年一度来。

《七夕偶题》

（唐）李商隐

宝婺摇珠佩，常娥照玉轮。灵归天上匹，巧遗世间人。
花果香千户，笙竽滥四邻。明朝晒犊鼻，方信阮家贫。

《壬申七夕》

（唐）李商隐

已驾七香车，心心待晓霞。风轻惟响佩，日薄不嫣花。
桂嫩传香远，榆高送影斜。成都过卜肆，曾妒识灵槎。

《辛未七夕》

（唐）李商隐

恐是仙家好别离，故教迢递作佳期。由来碧落银河畔，可要金风玉露时。
清漏渐移相望久，微云未接过来迟。岂能无意酬乌鹊，惟与蜘蛛乞巧丝。

《七夕寄张氏兄弟》

（唐）李 郢

新秋牛女会佳期，红粉筵开玉馔时。

好与檀郎寄花朵，莫教清晓羡蛛丝。

《七夕》

（唐）李 中

星河耿耿正新秋，丝竹千家列彩楼。

可惜穿针方有兴，纤纤初月苦难留。

《七夕》

（唐）刘 威

乌鹊桥成上界通，千秋灵会此宵同。

云收喜气星楼晓，香拂轻尘玉殿空。

翠辇不行青草路，金銮徒候白榆风。

采盘花阁无穷意，只在游丝一缕中。

《七夕二首》

（唐）刘禹锡

河鼓灵旗动，嫦娥破镜斜。满空天是幕，徐转斗为车。

机罢犹安石，桥成不碍槎。谁知观津女，竟夕望云涯。

天衢启云帐，神驭上星桥。初喜渡河汉，频惊转斗杓。

馀霞张锦幛，轻电闪红绡。非是人间世，还悲后会遥。

《七夕诗》

（唐）卢 纶

凉风吹玉露，河汉有幽期。星彩光仍隐，云容掩复离。

良宵惊曙早，闰岁怨秋迟。何事金闺子，空传得网丝。

《七夕诗》

（唐）卢 纶

祥光若可求，闺女夜登楼。月露浩方下，河云凝不流。

铅华潜警曙，机杼暗传秋。回想敛余眷，人天俱是愁。

《七夕》

（唐）卢 殷

河耿月凉时，牵牛织女期。欢娱方在此，漏刻竟由谁。

定不嫌秋驶，唯当乞夜迟。全胜客子妇，十载泣生离。

《七夕》
（唐）杜　甫
牵牛在河西，织女处河东。万古永相望，七夕谁见同。

《七夕》
（唐）罗　隐
络角星河菡苕天，一家欢笑设红筵。

应倾谢女珠玑箧，尽写檀郎锦绣篇。

香帐簇成排窈窕，金针穿罢拜婵娟。

铜壶漏报天将晓，惆怅佳期又一年。

《七夕》
（唐）清　江
七夕景迢迢，相逢只一宵。月为开帐烛，云作渡河桥。

映水金冠动，当风玉佩摇。惟愁更漏促，离别在明朝。

《鹊桥仙》
（宋）秦　观
纤云弄巧，飞星传恨，银汉迢迢暗渡。

金风玉露一相逢，便胜却人间无数。

柔情似水，佳期如梦，忍顾鹊桥归路！

两情若是久长时，又岂在朝朝暮暮！

《七夕》
（宋）杨　璞
未会牵牛意若何，须邀织女弄金梭。

年年乞与人间巧，不道人间巧已多。

《行香子（七夕）》
（宋）李清照
草际鸣蛩，惊落梧桐，正人间、天上愁浓。

云阶月地，关锁千重。

纵浮槎来，浮槎去，不相逢。

星桥鹊驾，经年才见，想离情、别恨难穷。

牵牛织女，莫是离中。

甚霎儿晴，霎儿雨，霎儿风。

《七夕醉答君东》

（明）汤显祖

玉茗堂开春翠屏，新词传唱《牡丹亭》。

伤心拍遍无人会，自掐檀痕教小伶。

《韩庄闸舟中七夕》

（清）姚燮

木兰桨子藕花乡，唱罢厅红晚气凉。

烟外柳丝湖外水，山眉澹碧月眉黄。

鬼节

我国旧俗以阴历七月十五日为"中元节"，俗称七月半，亦称鬼节。中元节源出于道教，据《道藏》载："中元之日，地官勾搜选众人，分别善恶……于其日夜讲诵是经，十方大圣，齐咏灵篇。囚徒饿鬼，当时解脱。"因此，自古以来，民间都认为这一天是祭祀亡亲、悼念祖先的日子。中元节的起源，与佛教的"盂兰盆会"也有很大的关系。"盂兰"是梵语，倒悬的意思，盆是指供品的盛器。他们认为供

图152　盂兰盆节佛教仪式

此具可解救已逝去父母、亡亲的倒悬之苦。佛典《盂兰盆经》中记载这么一个故事，说是释迦牟尼的十大弟子之一目连（亦称目键连），得到六通（六种智慧）后，想报答父母的养育之恩，即用道眼视察，看到已逝去的母亲在饿鬼道中受苦，瘦得皮包骨头不成人形。目连十分伤心，于是用钵盛饭，想送给母亲吃，但是饭刚送到他母亲手中，尚未入口即化为灰烬。目连无奈，哭着请求佛祖帮助救救他的母亲。佛祖说："你母亲罪孽深重，你一人是救不了的，要靠十方僧众的道力才行，你要在七月十五日众僧结夏安居修行圆满的日子里，敬设盛大的盂兰盆供，以百味饮食供养十方众僧，依靠他们的感神道力，才能救出你的母亲。"目连照佛祖的指点去

图153　风俗画《中元盂兰盆节》

做，他的母亲真的脱离了饿鬼道。佛祖还说："今后凡佛弟子行慈孝时，都可于七月十五日佛自恣（舒服）时，佛喜欢日，备办百味饮食，广设盂兰盆供，供养众僧，这样做既可为在生父母添福添寿，又可使已逝的父母离开苦海，得到快乐，以报答父母的养育之恩。"

到了西晋，《盂兰盆经》被译成汉文，因为它所提倡的报答父母养育之恩，和我国儒家传统的孝顺父母的思想大致相同，所以受到君王的赞扬和重视，并在我国广为流传。自梁武帝在南方创设盂兰盆会后，已成为一种习俗，规模有增无减。唐代宗李豫每逢七月十五日，都要在宫中举行盛大的盂兰盆会。城中的寺院也要备办供品，陈列于佛像之前，十分虔诚。宋、元年间，七月十五这一天已演变为民间的祭祖日，家家祭祖亡亲，并且盛行放河灯超度孤魂野鬼活动。到了清代，对七月十五日中元节的祭祀活动，更为重视，各地寺、院、庵、观普遍举行盂兰盆会，并在街巷设高台诵经念文，作水陆道场，演《目连救母》戏，有的还有舞狮、杂耍等活动，夜晚还把扎糊的大小纸船，放入水中，点火焚化，同时还点放河灯，称之谓"慈航普渡"，十分热闹。除此之外，当时各家各户，都要在门外路旁烧纸钱，以祀野鬼。时至今日，七月十五日中元节这一天，我国仍有许多地方，保持着祭祀祖先的习俗。

中秋节

中秋节有悠久的历史，和其他传统节日一样，也是慢慢发展形成的。古代帝王有春天祭日、秋天祭月的礼制，早在《周礼》一书中，已有"中秋"一词的记载。后来贵族和文人学士也仿效

图154　清陈枚绘《月曼清游图册·琼台玩月》

起来，在中秋时节，对着天上又亮又圆一轮皓月，观赏祭拜，寄托情怀。这种习俗就这样传到民间，形成一个传统的活动。一直到了唐代，这种祭月的风俗更为人们重视，中秋节才成为固定的节日。《新唐书·太宗记》记载有"八月十五中秋节"。这个节日盛行于宋代，至明清时，已与元旦齐名，成为我国的主要节日之一。

图155 现代画《后羿射日图》

中秋节的传说是非常丰富的，嫦娥奔月、吴刚伐桂、玉兔捣药之类的神话故事流传甚广。相传，远古时候天上有十日同时出现，晒得庄稼枯死，民不聊生。一个名叫后羿的英雄，力大无穷，他同情受苦的百姓，登上昆仑山顶，运足神力，拉开神弓，一气射下九个太阳，并严令最后一个太阳按时起落，为民造福。

后羿因此受到百姓的尊敬和爱戴，后羿娶了个美丽善良的妻子，名叫嫦娥。后羿除传艺狩猎外，终日和妻子在一起，人们都羡慕这对郎才女貌的恩爱夫妻。不少志士慕名前来投师学艺，心术不正的蓬蒙也混了进来。一天，后羿到昆仑山访友求道，巧遇由此经过的王母娘娘，便向王母求得一包不死药。据说，服下此药，能即刻升天成仙。然而，后羿舍不得撇下妻子，只好暂时把不死药交给嫦娥珍藏。嫦娥将药藏进梳妆台的百宝匣里，不料被小人蓬蒙看见了，他想偷吃不死药自己成仙。三天后，后羿率众徒外出

图156 壁画《嫦娥奔月》

狩猎，心怀鬼胎的蓬蒙假装生病，留了下来。待后羿率众人走后不久，蓬蒙手持宝剑闯入内宅后院，威逼嫦娥交出不死药。嫦娥知道自己不是蓬蒙的对手，危急之时她当机立断，转身打开百宝匣，拿出不死药一口吞了下去。嫦娥吞下药，身子立时飘离地面，冲出窗口，向天上飞去。由于嫦娥牵挂着丈

夫，便飞落到离人间最近的月亮上成了仙。傍晚，后羿回到家，侍女们哭诉了白天发生的事。后羿既惊又怒，抽剑去杀恶徒，蓬蒙早逃走了。后羿气得捶胸顿足，悲痛欲绝，仰望着夜空呼唤爱妻的名字，这时他惊奇地发现，今天的月亮格外皎洁明亮，而且有个晃动的身影酷似嫦娥。他拼命朝月亮追去，可是他追三步，月亮退三步，他退三步，月亮进三步，无论怎样也追不到跟前。后羿无可奈何，又思念妻子，只好派人到嫦娥喜爱的后花园里，摆上香案，放上她平时最爱吃的蜜食鲜果，遥祭在月宫里眷恋着自己的嫦娥。百姓们闻知嫦娥奔月成

图157 《吴刚伐桂树图》

仙的消息后，纷纷在月下摆设香案，向善良的嫦娥祈求吉祥平安。从此，中秋节拜月的风俗在民间传开了。

关于中秋节还有一个传说：相传月亮上的广寒宫前的桂树生长繁茂，有500多丈高，下边有一个人常在砍伐它，但是每次砍下去之后，被砍的地方又立即合拢了。几千年来，就这样随砍随合，这棵桂树永远也不能被砍断。据说这个砍树的人名叫吴刚，是汉朝西河人，曾跟随仙人修道，到了天界，但是他犯了错误，仙人就把他贬谪到月宫，日日做这种徒劳无功的苦差使，以示惩处。李白诗中有"欲斫月中桂，持为寒者薪"的诗句。

中秋节吃月饼相传始于元朝。当时，中原广大人民不堪忍受元朝统治阶级的残酷统治，纷纷起义抗元。朱元璋联合各路反抗力量准备起义。但朝廷官兵搜查的十分严密，传递消息十分困难。军师刘伯温便想出一计策，命令属下把藏有"八月十五夜起义"的纸条藏入饼子里面，再派人分头传送到各地起义军中，通知他们在八月十五日晚上起义响应。到了起义的那天，各路义军一齐响应，起义军如星火燎原。很快，徐达就攻下元大都，起义成功了。消息传来，朱元璋高兴得连忙传下口谕，在即将来临的中秋节，让全体将士与民同乐，并将当年起兵时以秘密传递信息的"月饼"，作为节令糕点赏赐群臣。此后，"月饼"制作越发精细，品种更多，大者如圆盘，成为馈赠的佳品。以后中秋节吃月饼的习俗便在民间流传开来。

图158 《太平欢乐图册·制月饼迎中秋》

重阳节

农历九月九日，为传统的重阳节。因为古老的《易经》中把"六"定为阴数，把"九"定为阳数，九月九日，日月并阳，两九相重，故而叫重阳，也叫重九，古人认为是个值得庆贺的吉利日子，并且从很早就开始过此节日。庆祝重阳节的活动多彩浪漫，一般包括出游赏景、登高远眺、观赏菊花、遍插茱萸、吃重阳糕、饮菊花酒等活动。今天的重阳节，被赋予了新的含义。在1989年，我国把每年的九月九日定为老人节，传统与现代巧妙地结合，成为尊老、敬老、爱老、助老的老年人的节日。全国各机关、团体、街道，往往都在此时组织从工作岗位上退下来的老人们秋游赏景，或临水玩乐，或登山健体，让身心都沐浴在大自然的怀抱里；不少家庭的晚辈也会搀扶着年老的长辈到郊外活动或为老人准备一些可口的饮食。

图159　王力宏绘
《古代风俗百图·登高敬老重阳节》

九九重阳，早在春秋战国时的《楚辞》中已提到了。屈原的《远游》里写道："集重阳入帝宫兮，造旬始而观清都。"这里的"重阳"是指天，还不是指节日。三国时魏文帝曹丕《九日与钟繇书》中，则已明确写出重阳的宴饮了："岁往月来，忽复九月九日。九为阳数，而日月并应，俗嘉其名，以为宜于长久，故以享宴高会。"

晋代文人陶渊明在《九日闲居》诗序文中说："余闲居，爱重九之名。秋菊盈园，而持醪靡由，空服九华，寄怀于言。"这里同时提到菊花和酒。大概在魏晋时期，重阳日已有了饮酒、赏菊的做法。到了唐代重阳被正式定为民间的节日。到明代，九月重阳，皇宫上下要一起吃花糕以庆贺，皇帝要亲自到万岁山登高，以畅秋志，此风俗一直流传到清代。

重阳节和大多数传统节日一样，也有古老的传说。相传在东汉时期，汝河有个瘟魔，只要它一出现，家家就有人病倒，天天有人丧命，这一带的百姓受尽了瘟魔的蹂躏。一场瘟疫夺走了青年恒景的父母，他自己也因病差点儿丧了命。病愈之后，他辞别了心爱的妻子和父老乡亲，决心出去访仙学艺，

图160　现代画《忆山东兄弟图》

为民除掉瘟魔。恒景四处访师寻道，访遍各地的名山高士，终于打听到在东方有一座最古老的山，山上有一个法力无边的仙长。恒景不畏艰险和路途的遥远，在仙鹤指引下，终于找到了那座高山，找到了那个有着神奇法力的仙长。仙长被他的精神所感动，终于收留了恒景，并且教给他降妖剑术，还赠他一把降妖宝剑。恒景废寝忘食苦练，终于练出了一身非凡的武艺。

这一天仙长把恒景叫到跟前说："明天是九月初九，瘟魔又要出来作恶，你本领已经学成，应该回去为民除害了。"仙长送给恒景一包茱萸叶，一盅菊花酒，并且密授避邪用法，让恒景骑着仙鹤赶回家去。恒景回到家乡，在九月初九的早晨，按仙长的叮嘱把乡亲们领到了附近的一座山上，发给每人一片茱萸叶，一盅菊花酒，做好了降魔的准备。中午时分，随着几声怪叫，瘟魔冲出汝河，但是瘟魔刚扑到山下，突然闻到阵阵茱萸奇香和菊花酒气，便戛然止步，脸色突变。这时恒景手持降妖宝剑追下山来，几个回合就把瘟魔刺死剑下，从此九月初九登高避疫的风俗年复一年地流传下来。梁人吴均在他的《续齐谐记》一书里曾有此记载。后来人们就把重阳节登高的风俗看作是免灾避祸的活动。另外，在中原人的传统观念中，双九还是生命长久、健康长寿的意思，所以后来重阳节被立为老人节。

古代民间在重阳有登高的风俗，故重阳节又叫"登高节"。相传此风俗始于东汉。唐代文人所写的登高诗很多，大多是写重阳节的习俗。杜甫的七律《登高》，就是写重阳登高的名篇。登高所到之处，没有划一的规定，

图161　毛泽东主席诗词——《采桑子·重阳》

一般是登高山、登高塔。还有吃"重阳糕"的习俗。据史料记载，重阳糕又称花糕、菊糕、五色糕，制无定法，较为随意。九月九日天明时，以片糕搭儿女头额，口中念念有词，祝愿子女百事俱高，乃古人九月作糕的本意。讲究的重阳糕要作成9层，像座宝塔，上面还作成两只小羊，以符合重阳（羊）之

阶前白露已潜霜小花

赞：菊绽黄相赏却逢

秋日好喜无风雨近重

阳庭前菊蕊散香寒连

凌林枫叶，丹秋色不

殊春京观玉堰携佳

回香

图162　清陈枚绘《月曼清游图册·重阳赏菊》

义。有的还在重阳糕上插一小红纸旗，并点蜡烛灯。这大概是用"点灯"、"吃糕"代替"登高"的意思，用小红纸旗代替茱萸。当今的重阳糕，仍无固定品种，各地在重阳节吃的松软糕类都称之为重阳糕。

赏菊并饮菊花酒。重阳节正是一年的金秋时节，菊花盛开，据传赏菊及饮菊花酒，起源于晋代大诗人陶渊明。陶渊明以隐居出名，以诗出名，以酒出名，也以爱菊出名。后人效之，遂有重阳赏菊之俗。旧时文人士大夫，还将赏菊与宴饮结合，以求和陶渊明更接近。北宋京师开封，重阳赏菊之风盛行，当时的菊花有很多品种，千姿百态。民间还把农历九月称为"菊月"，在菊花傲霜怒放的重阳里，观赏菊花成了节日的一项重要内容。清代以后，赏菊之习尤为昌盛，且不限于九月九日，但仍然是重阳节前后最为繁盛。

图163　山茱萸

插茱萸和簪菊花。重阳节插茱萸的风俗，在唐代就已经很普遍。古人认为在重阳节这一天插茱萸可以避难消灾。或佩带于臂，或作香袋把茱萸放在里面佩带，还有插在头上的。大多是妇女、儿童佩带，有些地方，男子也佩带。重阳节佩茱萸，在晋代葛洪《西京杂记》中就有记载。除了佩带茱萸，人们也有头戴菊花的。唐代就已经如此，历代盛行。清代，北京重阳节的习俗是把菊花枝叶贴在门窗上，"解除凶秽，以招吉祥"，这是头上簪菊的变俗。宋代，还有将彩缯剪成茱萸、菊花来相赠佩带的。

除了以上较为普遍的习俗外，各地还有些独特的过节形式。重阳节正值陕北正式收割的季节，有首歌唱道："九月里九重阳，收呀么收秋忙。谷子呀，糜子呀，上呀么上了场。"陕北过重阳在晚上，白天是一整天的收割、打场。晚上月上树梢，人们喜爱享用荞面熬羊肉，待吃过晚饭后，人们三三两两地走出家门，爬上附近山头，点上火光，谈天说地，待鸡叫才回家。夜里登山，许多人都摘几把野菊花，回家插在女儿的头上，以求避邪。

在福建莆仙，人们沿袭旧俗，要蒸9层的重阳米果，我国古代就有重阳"食饵"之俗，"饵"即今之糕点、米果之类。宋代《玉烛宝典》云："九日食饵，饮菊花酒者，其时黍、秫并收，以因黏米嘉味触类尝新，遂成积习。"清初莆仙诗人宋祖谦《闽酒曲》曰："惊闻佳节近重阳，纤手携篮拾野香。玉杵捣成绿粉湿，明珠颗颗唤郎尝。"近代以来，人们又把米果改制为一种很有特色的九重米果。将优质晚米用清水淘洗，浸泡2小时，捞出沥干，掺水磨成稀浆，加入明矾（用水溶解）搅拌，加红板糖（掺水熬成糖浓液），而后置于蒸笼于锅上，铺上洁净炊布，然后分9次，舀入米果浆，蒸若干时即熟出笼，米果面抹上花生油。此米果分9层重叠，可以揭开，切成菱角，四边层次分明，呈半透明体，食之甜软适口，又不粘牙，堪称重阳敬老的最佳礼馔。一些地方的群众也有利用重阳登山的机会，祭扫祖墓，纪念先人。莆仙人以重阳祭祖者比清明为多，故俗有以三月为小清明，重九为大清明之说。由于莆仙沿海，九月初九也是妈祖羽化升天的忌日，乡民多到湄洲妈祖庙或港里的天后祖祠、宫庙祭祀，求得保佑。

历代文人留下了不少关于重阳节脍炙人口的佳句：

《于长安还扬州九月九日行薇山亭赋韵》

（南朝陈）江 总

心逐南云逝，形随北雁来。

故乡篱下菊，今日几花开？

《九月九日忆山东兄弟》

（唐）王 维

独在异乡为异客，每逢佳节倍思亲。

遥知兄弟登高处，遍插茱萸少一人。

《九日齐山登高》

（唐）杜 牧

江涵秋影雁初飞，与客携壶上翠微。尘世难逢开口笑，菊花须插满头归。

但将酩酊酬佳节，不作登临恨落晖。古往今来只如此，牛山何必独沾衣。

《九月十日即事》

（唐）李 白

昨日登高罢，今朝再举觞。菊花何太苦，遭此两重阳。

《九月九日玄武山旅眺》

（唐）卢照邻

九月九日眺山川，归心归望积风烟。他乡共酌金花酒，万里同悲鸿雁天。

《蜀中九日》

（唐）王 勃

九月九日望乡台，他席他乡送客杯。

人情已厌南中苦，鸿雁那从北地来。

《九日作》

（唐）王 缙

莫将边地比京都，八月严霜草已枯。

今日登高樽酒里，不知能有菊花无。

《九日》

（唐）杨 衡

黄花紫菊傍篱落，摘菊泛酒爱芳新。

不堪今日望乡意，强插茱萸随众人。

《奉和九日幸临渭亭登高得枝字》

（唐）韦安石

重九开秋节，得一动宸仪。金风飘菊蕊，玉露泣萸枝。

睿览八纮外，天文七曜披。临深应在即，居高岂忘危。

《醉花荫》

（宋）李清照

薄雾浓云愁永昼，瑞脑销金兽。

佳节又重阳，玉枕纱橱，半夜凉初透。

东篱把酒黄昏后，有暗香盈袖。

莫道不销魂，帘卷西风，人比黄花瘦！

《沉醉东风·重九》

（元） 关汉卿

题红叶清流御沟，赏黄花人醉歌楼。

天长雁影稀，月落山容瘦。

冷清清暮秋时候，衰柳寒蝉一片愁，

谁肯教白衣送酒。

《九日》

（明） 文 森

三载重阳菊，开时不在家。何期今日酒，忽对故园花。

野旷云连树，天寒雁聚沙。登临无限意，何处望京华。

《采桑子·重阳》

毛泽东

人生易老天难老，

岁岁重阳，今又重阳，

战地黄花分外香。

一年一度秋风劲，

不似春光，胜似春光，

寥廓江天万里霜。

下元节

图164 风俗画
《三官像图》

　　农历十月十五，为中国民间传统节日，下元节，亦称"下元日"、"下元"。下元节的来历与道教有关。道家有三官，天官、地官、水官，谓天官赐福、地官赦罪、水官解厄。三官的诞生日分别为农历的正月十五、七月十五、十月十五，这三天被称为"上元节"、"中元节"、"下元节"。

　　下元节，就是水官解厄旸谷帝君解厄之辰，俗谓是日，水官根据考察，录奏天廷，为人解厄。《中华风俗志》也有记载："十月望为下元节，俗传水官解厄之辰，亦有持斋诵经者。"这一天，道观做道场，民间则祭祀亡灵，并祈求下元水官排忧解难。道教徒家门外均竖天杆，杆上挂黄旗，旗上写着"天地水府"、"风调雨顺"、"国泰民安"、"消灾降福"等字样；晚上，杆顶挂三盏天灯，团子斋三官。民国以后，此俗渐废，惟民间将祭亡、烧库等仪式提前在农历七月十五"中元节"时举行。

古代又有朝廷是日禁屠及延缓死刑执行日

图165　祭水官仪式

图166　风俗画《下元节图》

期的规定。宋吴自牧《梦粱录》："（十月）十五日，水官解厄之日，宫观士庶，设斋建醮，或解厄，或荐亡。"又河北《宣化县新志》："俗传水官解厄之辰，人亦有持斋者。"此外，在民间，下元节这一日，还有民间工匠祭炉神的习俗，炉神就是太上老君，大概源于道教用炉炼丹。

冬 至 节

冬至，是我国农历中一个非常重要的节气，也是一个传统节日，至今仍有不少地方有过冬至节的习俗。冬至俗称"冬节"、"长至节"、"亚岁"等。在我国古代对冬至很重视，冬至被当作一个较大节日，曾有"冬至大如年"的说法，而且有庆贺冬至的习俗。民谚有云："吃了冬至饭，一天长一线。"人们认识到过了冬至，白天越来越长了，是一个吉日，应该庆贺。《晋书》上记载有"魏晋冬至日受万国及百僚称贺……其仪亚于正旦。"说明古代对冬至日的重视。现在，一些地方也还把冬至作为一个节日来过。民国时期曾把冬至作

图167　民国时期照片
《冬至岁首》

为正式节日，放假一天。

《后汉书》中有这样的记载："冬至前后，君子安身静体，百官绝事，不听政，择吉辰而后省事。"所以这天朝廷上下要放假休息，军队待命，边塞闭关，商旅停业，亲朋各以美食相赠，相互拜访，欢乐地过一个"安身静体"的节日。唐、宋时期，冬至是祭天祭祖的日子，皇帝在这天要到郊外举行祭天大典，百姓在这一天要向父母尊长祭拜，现在仍有一些地方在冬至这天过节庆贺。

图168 壁画《冬至朝贺图》

过去老北京有"冬至馄饨夏至面"的说法。相传汉朝时，北方匈奴经常骚扰边疆，百姓不得安宁。当时匈奴部落中有浑氏和屯氏两个首领，十分凶残。百姓对其恨之入骨，于是用肉馅包成角儿，取"浑"与"屯"之音，呼作"馄饨"。恨而食之，并求平息战乱，能过上太平日子。因最初制成馄饨是在冬至这一天，后来就在冬至这天家家户户吃馄饨。

吃"捏冻耳朵"是冬至河南人吃饺子的俗称。缘何有这种食俗呢？相传南阳医圣张仲景曾在长沙为官，他告老还乡，时逢大雪纷飞的冬天，寒风刺骨。他看见南阳白河两岸的乡亲衣不遮体，有不少人的耳朵被冻烂了，心里非常难过，就叫其弟子在南阳关东搭起医棚，用羊肉、辣椒和一些驱寒药材放置锅里煮熟，捞出来剁碎，用面皮包成像耳朵的样子，再放下锅里煮熟，做成一种叫"驱寒矫耳汤"的药物施舍给百姓吃。服食后，乡亲们的耳朵都治好了。后来，每逢冬至人们便模仿做着吃，是故形成"捏冻耳朵"此种习俗。以后人们称它为"饺子"，也有的称它为"扁食"和"烫面饺"，人们还纷纷传说吃了冬至的饺子不冻人耳。

图169 冬至饺子

冬至吃狗肉的习俗据说是从汉代开始的。相传，汉高祖刘邦在冬至这一天吃了樊哙煮的狗肉，觉得味道特别鲜美，赞不绝口。从此在民间形成了冬至吃狗肉的习俗。现在的人们纷纷在冬至这一天，吃狗肉、羊肉以及各种滋补食品，以求来年有一个好兆头。

在江南水乡，有冬至之夜全家欢聚一堂共吃赤豆糯米饭的习俗。相传，有一位叫共工氏的人，他的儿子不成才，作恶多端，死于冬至这一天，死后变成疫鬼，继续残害百姓。但是，这个疫鬼最怕赤豆，于是，人们就在冬至这一天煮吃赤豆饭，用以驱避疫鬼，防灾祛病。

吃汤圆也是冬至的传统习俗，在江南尤为盛行。"汤圆"是冬至必备的食品，是一种用糯米粉制成的圆形甜品，"圆"意味着"团圆""圆满"，冬至吃汤圆又叫"冬至团"。民间有"吃了汤圆大一岁"之说。冬至团可以用来祭祖，也可用于互赠亲朋。旧时上海人最讲究吃汤团。古人有诗云："家家捣米做汤圆，知是明朝冬至天。"

图170 风俗画《搓汤圆》

在我国台湾还保存着冬至用九层糕祭祖的传统，用糯米粉捏成鸡、鸭、龟、猪、牛、羊等象征吉祥中意福禄寿的动物，然后用蒸笼分层蒸成，用以祭祖，以示不忘老祖宗。同姓同宗者于冬至或前后约定之日清早，聚集到祖祠中照长幼之序，一一祭拜祖先，俗称"祭祖"。祭典之后，还会大摆宴席，招待前来祭祖的宗亲们。大家开怀畅饮，相互联络久别生疏的感情，称之为"食祖"。在台湾一直世代相传，以示不忘自己的"根"。

图171 九层糕

与冬至有着密切关系的还有在北京流传了几百年的《九九歌》。从冬至那天算起，以九天作一单元，连数九个九天，到九九共八十一天，冬天就过去了。"一九二九不出手；三九四九冰上走；五九六九沿河看柳；七九河开八九雁来；九九加一九，耕牛遍地走。"对于冬至古代文人雅士也留

图172 版画《九九歌》

下了一些诗文：

《小至》

（唐）杜甫

天时人事日相催，冬至阳生春又来。
刺绣五纹添弱线，吹葭六琯动飞灰。
岸容待腊将舒柳，山意冲寒欲放梅。
云物不殊乡国异，教儿且覆掌中杯。

《冬至》

（唐）杜甫

年年至日长为客，忽忽穷愁泥杀人！
江上形容吾独老，天边风俗自相亲。
杖藜雪后临丹壑，鸣玉朝来散紫宸。
心折此时无一寸，路迷何处望三秦？

《邯郸冬至夜》

（唐）白居易

邯郸驿里逢冬至，抱膝灯前影伴身。
想得家中夜深坐，还应说著远行人。

二十四番花信风

物候与农时关系密切。我国是世界上研究物候学最早的国家，最早的物候专著《夏小正》。其按一年12个月的顺序分别记载了物候、气象、天象和重要的政事、农事活动，如农耕、养蚕、养马等。此后《吕氏春秋》、《礼记》等都有类似的物候记载，并逐渐发展成一年24个节气和七十二候。到了南北朝时期更有二十四番花信风的记载。

按照我国传统历法，从冬天的小寒到春天的谷雨，共8个节气，其中5天为一候。每一候中，人们挑选一种花期最准确的花为代表，叫做这一节气中的花信风，意即带来开花音讯的风候，称二十四番花信风。每年冬去春来，从小寒到谷雨这8个节气二十四候里，每候都有某种花卉绽蕾开放，带来开花音讯的风候。

对于花信风，有这样的传说，武则天酒后失德，下旨要求百花在一夜开放，但花儿们却不惧权威，分时间分阶段给苍生安排了一场烂漫"花之舞"。从小寒到谷雨，每5天呈现一个华美节目，每个节目有三个主角。首先登场的是"花中君子"梅花、被苏东坡赞为"鹤头丹"的山茶、"凌波仙子"水仙，第二幕的主角是"风流树"瑞香、"天下第一香"兰花、黄庭坚命名的"山矾"。立春到来时"春之使者"迎春花率先开放，"红珊瑚"樱桃、望春紧随其后。紧接着菜杏李（菜花、杏花、李花）。桃花的出场最为隆重，伴随着惊蛰的雷声，为它伴舞的是棣棠和蔷薇。古人有诗盛赞："桃花香，李花香。浅白深红，一一斗新妆。"这其后海棠、梨花、木兰、桐花、麦花、柳花、牡丹花、荼蘼花依次亮相，最后的压轴戏是楝花。楝花开放，夏已悄然而至。等二十四番花信风吹过，就是烈日炎炎的夏季。

事实是人们在二十四候每一候内开花的植物中，挑选一种花期最准确的植物为代表，叫做这一候中的花信风。

二十四番花信风是：

小寒：一候梅花、二候山茶、三候水仙；

图173 梅花

图174 山茶

图175 水仙

大寒：一候瑞香、二候兰花、三候山矾；

图176 瑞香

图177 兰花

图178 山矾

立春：一候迎春、二候樱桃、三候望春；

图179 迎春

图180 樱桃

图181 望春

雨水：一候菜花、二候杏花、三候李花；

图182 菜花

图183 杏花

图184 李花

惊蛰：一候桃花、二候棠梨、三候蔷薇；

图185 桃 花

图186 棠 梨

图187 蔷 薇

春分：一候海棠、二候梨花、三候木兰；

图188 海 棠

图189 梨 花

图190 木 兰

清明：一候桐花、二候麦花、三候柳花；

图191 桐 花

图192 麦 花

图193 柳 花

谷雨：一候牡丹、二候酴醾、三候楝花。

图194 牡 丹

图195 酴 醾

图196 楝 花

二十四番花信风不仅反映了花开与时令的自然现象，更重要的是可以利用这种现象来掌握农时、安排农事。俗话说："花木管时令，鸟鸣报农时"，自然界的花草树木、飞禽走兽，都是按照一定的季节时令活动的，其活动与气候变化息息相关。因此，它们的各种活动便成了季节的标志。如植物的萌芽在民间有许多民谚是反映物候的，如："桃花开、燕子来，准备谷种下田畈"、"布谷布谷，种禾割麦"等。对于花信风的记载，从南朝梁宗懔的《荆楚岁时记》，到宋代程大昌的《演繁露·花信风》、宋代王逵的《蠡海集·气候类》，明代杨慎的《二十四番花信风》直至清代《广群芳谱》，历代不辍。"信"为人言，风与花有约，曼妙旖旎否？是的，我们祖先有情有趣，有信有义，对自然物候的观察非常细致精准。

　　遥想——春之花朵成群结队，开放在阳光下诗句里，春天的大地俨然是一本芬芳四溢、色彩斑斓的书卷。当下决定，以后无论如何繁忙，都要在恰当时节问候这些花朵，否则真正是辜负了大自然的一番美意。花事有诗，只需会意。晏几道的《点绛唇　花信来时》："花信来时，恨无人似花依旧。又成春瘦，折断门前柳。天与多情，不与长相守。分飞后，泪痕和酒，占了双罗袖。"晏几道官场失意却是多情种子，写下如此缠绵伤心句，让我们更感花信的有情与坚贞。"风有信，花不误，岁岁如此，永不相负。"风有信，似有德行，所以大家又称它为"信风"、"德风"，反映了我们民族传统中"万物有灵、以德为上"的观念。

　　在中国还有花月令（指农历），即将一年四季中，一些主要花卉的开花、生长状况，以诗歌或者经文的形式记录下来，读之朗朗上口，便于记忆，利于花事农事。我们的祖先，是个爱花的民族，花卉与其生活息息相关。由于我国地域广阔，各地气候、物候相差颇大，所列花历不一定和当地气候完全符合，但部分花历，却是约定俗成，为世人普遍认可，例如人称"杏月"，必定是二月，"菊月"必指九月，"荷月"必定是六月，决无别解。历史上的花月令，有几种，最早的始于夏代，但多数与今天已不甚合辙，而明代程羽文的花月令，至今仍有很好的实用价值。

　　正月：兰蕙芬、瑞香烈、樱桃始葩、径草绿、望春初放、百花萌动。
　　二月：桃夭、玉兰解、紫荆繁、杏花饰其靥、梨花融、李能白。
　　三月：蔷薇蔓、木笔书空、棣萼韡韡、杨入大水为萍、海棠睡、绣球落。
　　四月：牡丹王、芍药相于阶、罂粟满、木香上升、杜鹃归、荼蘼香梦。
　　五月：榴花照眼、萱北乡、夜合始交、蔷蔔有香、锦葵开、山丹赪。

图197 清宫廷画家绘《雍正帝十二月令行乐·正月观灯图》

图198 《雍正帝十二月令行乐·二月踏青图》

图199 《雍正帝十二月令行乐·三月赏桃图》

图200 《雍正帝十二月令行乐·四月流觞图》

六月：桐花馥、菡萏为莲、茉莉来宾、凌霄结、凤仙降于庭、鸡冠环户。

七月：葵倾赤、玉簪搔头、紫薇浸月、木槿朝荣、蓼花红、菱花乃实。

八月：槐花黄、桂香飘、断肠始娇、白苹开、金钱夜落、丁香紫。

图201 《雍正帝十二月令行乐·
五月竞舟图》

图202 《雍正帝十二月令行乐·
六月纳凉图》

图203 《雍正帝十二月令行乐·
七月乞巧图》

图204 《雍正帝十二月令行乐·
八月赏月图》

九月：菊有英、芙蓉冷、汉宫秋老、芰荷化为衣、橙橘登、山药乳。

十月：木叶落、芳草化为薪、苔橘、芦始秋、朝菌歇、花藏不见。

图205 《雍正帝十二月令行乐·
九月赏菊图》

图206 《雍正帝十二月令行乐·
十月画像图》

十一月：蕉花红、枇杷芯、松柏秀、蜂蝶蛰、剪绿时行、花信风至。

十二月：蜡梅坼、茗花发、水仙负水、梅香绽、山茶灼、雪花六出。

图207 《雍正帝十二月令行乐·
冬月参禅图》

图208 《雍正帝十二月令行乐·
腊月赏雪图》

二十四节气与相关古籍

对于二十四节气的记载屡见历代古籍文献，人们熟知的有战国秦吕不韦的《吕氏春秋》、汉代刘安的《淮南子》、汉代佚名撰《周髀算经》、南朝梁宗懔撰《荆楚岁时记》中的二十四番花信风、宋代程大昌的《演繁露·花信风》、宋代王逵的《蠡海集·气候类》、元吴澄撰《月令七十二候集解》、明代杨慎的《二十四番花信风》直至清代《广群芳谱》等，历代相沿详尽记述了二十四节气相关内容的发展，是一笔珍贵的遗产。选取几种作介绍，以飨读者。

《淮南子》

《淮南子》又名《淮南鸿烈》，是西汉宗室淮南王刘安招致宾客，在他主持下编写的。据《汉书·艺文志》云："淮南内二十一篇，外三十三篇"，颜师古注曰："内篇论道，外篇杂说"，现今所存的有二十一篇，大概都是原说的内篇所遗。据高诱序言，"鸿"是广大的意思，"烈"是光明的意思。作者认为此书包括了广大而光明的通理。全书内容庞杂，它将道、阴阳、墨、法和一部分儒家思想糅合起来，但主要的宗旨倾向于道家。《汉书·艺文志》则将它列入杂家。

关于《淮南子》的作者，有比较含混和比较明确的不同说法。比较含混的说，《淮南子》是淮南王刘安及其宾客共同撰著的。但是史称淮南王"招致宾客方术之人数千人"，这些人不可能都是《淮南子》的作者。淮南王的门人宾客中究竟有哪些人参与了《淮南子》的撰著？于是又有一种比较明确的说法，认为是淮南王刘安"与苏飞、李尚、左吴、田由、雷被、毛被、伍被、晋昌等8人，及诸儒大山、小山之徒，共讲论道德，总统仁义，而著此书。"指出了淮南王以外的另一些作者的名字。再后来，这里出现的八个名字又被统称为"八公"，于是《淮南子》的作者就成为淮南王刘安和八公了。

是书撰于景帝朝的后期，于汉武帝刘彻即位之初的建元二年进献于朝廷。

淮南王刘安是当时皇室贵族中学术修养较为深厚的人，他招致宾客方术之士数千人著书立说，"作《内篇》二十一篇，《外书》甚众，又为《中篇》八卷，言神仙黄白之术，亦二十余万言"[①]。然而这部涉及范围十分广泛的文化巨著，留传下来的只有《内书》二十一篇，也就是现在我们看到的《淮南子》。刘安有心在天下一旦发生变乱时取得政治主动，积极制作战争装备，集聚金钱，贿赂汉王朝的地方实力派。又日夜研究军事地图，暗中进行作战部署。淮南国贵族违法的事件逐渐有所败露，在朝廷予以追查时，刘安终于发起叛乱。然而叛乱迅速被汉王朝成功平定。刘安被判定"大逆不道，谋反"罪，自杀。淮南国被废除。汉武帝在这里设立了九江郡。

　　《淮南子》最早完整地记述了二十四节气。《淮南子》卷三《天文训》探讨了宇宙演化、天地形成的过程。关于二十四节气，书中说："紫宫执斗而左旋，日行一度，以周于天，日冬至峻狼之山，日移一度，凡行百八十二度八分度之五，而夏至牛首之山，反覆三百六十五度四分度之一而成一岁。"这里说的是天帝执北斗而左旋，一天走一度，走完一个周天就是三百六十五又四分之一度，就是一年。"两维之间，九十一度十六分度之五而升，日行一度，十五日为一节，以生二十四时之变。斗指子，则冬至，音比黄钟。加十五日指癸，则小寒，音比应钟。加十五日指丑，则大寒……"《天文训》以阴阳刑德为两维，两维之间，有九十一度十六分度之五，这也是一个季节的长度。十五日为一节气，一年共二十四节气。每个节气的划分都是以北斗星的斗柄所指的方向为依据，构成了一个天象、四季、二十四节气、十二月，农事、物候、气象、干支、音律的完整体系。《淮南子》一问世，就得到汉武帝的喜爱。东汉著名的文字学家许慎、大学者马融都注释过《淮南子》。清代乾嘉学派泰斗王念孙，以七十二岁之高龄，九校《淮南子》。早在唐代，《淮南子》就传到了日本。

图209　清刻本《淮南子》书影

---

① 《汉书·淮南厉王刘长传》。

在西方，巴黎大学汉学研究所曾编印了《淮南子通检》，加拿大蒙特利尔大学学者还将《淮南子》译成法文。古今中外学者对它的喜爱，可证《淮南子》魅力之一斑。

《淮南子》的版本颇多，祖本基本源于汉代高诱注本和许慎注本。常见的有：

明刻本

清乾隆五十三年（1788）武进庄逵吉刻本

清嘉庆九年（1804）宝庆经纶堂刻本

清光绪元年（1875）湖北崇文书局刻

清光绪二年（1876）浙江书局刊

清光绪六年(1875)浙江书局刊本

清光绪二十三年(1897)新化三味书局刊本

日本明治十八年,(1892)刻本

民国四年（1915）扫叶山房本石印本

民国间中华书局《四部备要丛书》本

民国间商务书馆《四部丛刊丛书》本

民国间《丛书集成初编》本

民国戊午上海会文堂书局印行

《周髀算经》

《周髀算经》是算经的十书之一。约成书于公元前1世纪，作者不详。原名《周髀》，它是我国最古老的天文学著作，主要阐明当时的盖天说和四分历法。唐初规定它为国子监明算科的教材之一，故改名《周髀算经》。《周髀算经》在数学上的主要成就是介绍了勾股定理及其在测量上的应用以及怎样应用到天文计算。《周髀算经》记载了勾股定理的公式与证明，相传是在商代由商高发现，故又有称之为商高定理。三国时代的赵爽对《周髀算经》内的勾股定理作出了详细注释，又给出了另外一个证明。

在这部数学典籍中，就记载了古人怎样用简单的方法计算出太阳到地球的距离。据《周髀算经》太阳距离的求法是：先在全国各地立一批8尺长的竿子，夏至那天中午，记下各地竿影的长度，得知首都长安的是1尺6寸；距长安正南方1 000里的地方，竿影是1尺5寸；距长安正北1 000里则是1尺7寸。

因此知道南北每隔1 000里竿影长度就相差1寸。又在冬至那天测量，长安地方影长1丈3尺5寸。当然，现在我们都知道地球和太阳的距离约为14 950万公里。即使将周髀算经中汉制为单位的10万里换算成今天习用的公里，数值仍然悬殊得很。理由很简单，因为汉代人没有地圆的观念，是以在设计实验之初，就将前提建立在"地是平的"假设上，加之观测设备简陋，而得到并不准确的数据。因此，《周髀算经》的答案是不合事实的。但是我们必须强调，这段求太阳距离的运算过程却是正确的。

严格说来，《周髀算经》是一部天文著作，为讨论天文历法，而叙述一些有关的数学知识，其中重要的题材有勾股定理、比例测量与计算天体方位所不能避免的分数四则运算。比起同时期的西方数学（例如以欧几里得的《几何原本》所记载的分数性质来看），古代中国数学的定量工作，无疑是遥遥领前的。

我国古代关于天地结构的思想，主要有盖天、浑天和宣夜三家，其中盖天说的产生最为古老并最早形成体系，这个学说基本上是在战国时期走向成熟的。在《周髀算经》中，记载和保留了这一学说。远在人类社会的早期，人们根据直观感觉，认为天在上旋转不已，地在下静止不动，由此逐渐产生了"天圆地方"的思想。到了商代后期或西周初期，在这个思想的基础上形成了"第一次盖天说"。

《周髀算经》卷上之一的开头，记载了周武王的弟弟周公和周朝大夫商高的对话，其中商高谈到"方属地，圆属天，天圆地方"。但是对于"天圆地方"的含义，后人却有不同的理解。据《晋书·天文志》所载"周髀家"的观点，"天员（圆）如张盖，地方如棋局"，把天看作平面圆形，如张开的车盖，就如一张伞面一样；把地看作正方形的平面，就如棋盘一样。这种观点受到了人们的怀疑。《大戴礼记·曾子·天员》篇就记述了曾子（公元前505年以后）的批评："单居离问曾子曰：天员而地方，诚有之乎？曾子曰：如诚天员而地方，则是四角之不也。参尝闻之夫子曰：天道曰员，地道曰方。"这里"员"同"圆"，即"掩"，曾参指出圆形的天遮盖不住方形大地的四角；所以他根据孔子的看法，把"天圆地方"解释成为天道圆，地道方。《吕氏春秋·圆道》篇进一步阐释道："何以说天道之圆也？精气一上一下，圆周复杂，无所稽留，故曰天道圆。何以说地道之方也？万物殊类殊形，皆有分职，不能相为，故曰地道方。"这里认为"圆"是指天体的循环运动，"方"是指地上万物特性各异，不能改变和替代。所以"圆"和"方"并非指天和地的形状。东汉后期人赵爽为《周髀算经》作注称："物有圆方，数有奇偶。天动为圆，其数奇；地静为方，其数偶。此配阴阳之义，非实天地之体也。天不可穷而见，地不可尽而观，岂能定其方圆乎？"这又把"天圆地方"说成是"天动地静"之意了。

正是在对"天圆地方"说的否定过程中，产生了"第二次盖天说"。《周髀算经》卷下中把"天圆地方"改述为"天象盖笠，地法覆。"《晋书·天文志》进一步阐述曰："天地各中高外下。北极之下，为天地之中，其地最高，而滂沲四。三光隐映，以为昼夜。"这是说地和天一样都是拱形的。天穹有如一个扣在上面的斗笠，大地像一个倒扣于下的盘子；北极为最高的天地之中央，四面倾斜下垂；日月星辰在天穹上交替出没形成大地上的昼夜变化。

在更为精确的数量关系方面，《周髀算经》卷下中根据一些假设和圭表测影的数据，利用勾股弦定理进行推算，得出"极下者，其地高人所居六万里，滂沲四而下。天之中央，亦高四旁六万里"；"天离地八万里，冬至之日，虽在外衡，常出极下地上二万里"。所谓"外衡"，就是冬至时太阳运行的轨道，即"冬至日道"。这里说明北极天中比冬至日道高出6万里。由于天恒高于地8万里，所以冬至日道仍高出极下地面2万里。《周髀算经》还根据圭影得出"冬至日道下"（即冬至时地面上"直日下"的地方，也即现在所说的南回归线）到极下地中的距离为23.8万里；"夏至日道下"（即北回归线）到极下地中为11.9万里；以周地为代表的"人居处"（黄河流域一带）到夏至日道下为1.6万里，所以人居处距极下地中10.3万里，距冬至日道下13.5万里。

根据这些数据，盖天说设计出了"七衡六间图"，以说明日月星辰的周日运动，昼夜的长短变化和四季二十四节气的循环交替。盖天说认为，太阳在天盖上的周日（视）运动在不同的节气是沿不同的轨道进行的。以北极为中心，在天盖上间隔相等地画出大小不同的同心圆，这就是太阳运行的七条轨道，称为"七衡"，七衡之间的6个间隔称为"六间"。最内的第一衡为"内衡"，为夏至日太阳的运行轨道，即"夏至日道"；最外的第七衡为"外衡"，是冬至日太阳运行的轨道，即"冬至日道"。内衡和外衡之间涂以黄色，称为"黄图画"，即所谓"黄道"，太阳只在黄道内运行。从《周髀算经》卷下所载二十四节气，可知太阳在七衡六间上的运行与二十四节气的关系是：七衡相应于12个月的中气，六间相应于12个月的节气。具体的对应关系，太阳在365日内，极于内衡、外衡各一次，完成一个循环，即"岁一内极，一外极"。由于内衡、外衡分别与地面上的北回归线、南回归线上下相对应，所以

二十四节气

内衡的半径为11.9万里，外衡的半径为23.8万里，其间相距11.9万里，共6个间隔，因而相邻各衡之间相距11.9万里÷6即19 833里。盖天说认为，日光可照到的距离为16.7万里，人也只能看第一衡（内衡）夏至第一间芒种小暑，第二衡小满大暑第二间立夏立秋，第三衡谷雨处暑第三间清明白露，第四衡（中衡）春分秋分第四间惊蛰寒露，第五衡雨水霜降第五间立春立冬，第六衡大寒小雪第六间小寒大雪，第七衡（外衡）冬至。到这么远的光源射来的光，因此以周地为中心，以16.7万里为半径所画出的圆，就是居住在周地的人所能看到的天体范围，这个部分被涂以青色，称为"青图画"。盖天说以此解释了若干常见的自然变化。如盖天说能够大体上说明四季常见的天象和气候变化，这在2 000多年以前的科学发展状况下，可以说是相当了不起的。

《周髀算经》还包含了一些令人极感兴趣的其他论述。例如，盖天说的七衡六间与现今地球上的五带划分存在着对应关系，中衡对应于地球上的赤道，内衡与外衡对应于北回归线与南回归线；盖天说所说的"极下"，即现在所说地球的北极。所以，盖天说对地球上各地气候差异所作出的准确解释，也就不难理解了。《周髀算经》卷下之一称："璇玑径23 000里，周六万九千里，此阳绝阴极放不生万物"；"极下不生万物。北极左右，夏有不释之冰。"这是说北极径23 000里的范围内，常年结冰，万物不生。《周髀算经》的这个结论，是有定量根据的，因为即使在夏至之日，太阳距北极仍有11.9万里远；而冬至时太阳离夏至日道也为11.9万里，这时"夏至日道下"（北回归线）的"万物尽死"，由此可知即使太阳移至内衡（夏至）时，北极下也不生万物，何况其他季节？《周髀算经》还进一步得出："凡北极之左右，物有朝生暮获。"这是指北极地带，一年中6个月为长昼，6个月为长夜，1年1个昼夜，所以作物也在长昼生长，日没前就可收获了。同样，

图210　宋刻本《周髀算经》书影

"中衡左右，冬有不死之草，夏长之类；此阳彰阴微，故万物不死，五谷一岁再熟。"这是对赤道南北热带地区的气候和作物情况的精确说明。这些论述的巧妙正确，确实令人惊叹不已。

《周髀算经》载于《隋书·经籍志》、《唐书·艺文志》。目前发现的最早版本是宋嘉定六年（1213）刻本。是书后有"北宋元丰七年叶祖洽"等人的

落款，足见《周髀算经》在北宋是已经刊刻。其中最著名的是唐李淳风等人所作的注。《周髀算经》还曾传入朝鲜和日本，在那里也有不少翻刻注释本行世。流行本多是明清代刻本有：

明《永乐大典》本

明《天禄琳琅丛书》本

明《秘册汇涵丛本》

清汲古阁景宋抄本

清《四库全书》本

清《学津讨原丛书》本

清《白芙堂算学丛书》本

清《微波榭丛书》本

清《槐庐丛书》本

民国间《丛书集成初编》本

民国间《四部备要丛书》本

民国间《辽海丛书》本

《群 芳 谱》

《群芳谱》中国明代介绍栽培植物的著作。全称《二如亭群芳谱》。编撰者明代王象晋（1561—1653），字荩臣，又字子进，号康宇，自称明农隐士、好生居士，山东新城（今山东桓台县）人。万历三十二年（1604）进士，授中书舍人。（万历四十一年1613）考选，升任翰林、御史等职。时值魏忠贤阉党之祸炽盛，他与兄王象乾都是东林党人，阉党力图拉拢他二人入伙，遭拒绝，遂触怒阉党，被迫辞职回乡。数年后复职，历授河南按察使、浙江右布政使等职。

王象晋在家督率佣仆经营园圃，积累了一些实践知识，并广泛收集古籍中有关资料，用10多年时间编成此书。全书30卷（另有28卷本，内容全同），约40万字，初刻于明天启元年（1621），后有多种刻本流传。内容按天、岁、谷、蔬、果、茶竹、桑麻、葛棉、药、木、花、卉、鹤鱼等十二谱分类，记载植物达400余种，每一植物分列种植、制用、疗治、典故、丽藻等项目，其中观赏植物约占一半，对一些重要花卉植物收集了很多品种名称。尤其重视植物形态特征的描述，记述较详，并注意名称订正，纠正以往混淆之处，为该书突出优点。不足之处是"略于种植而详于疗治之法与典故艺文"。

《群芳谱》可能以南宋陈咏所辑《全芳备祖》为蓝本，从体例到内容，受该书影响较大。清康熙四十七年(1708)，汪灏等人奉康熙帝之命，在《群芳谱》的基础上改编成《广群芳谱》一百卷。编者云："盖因明王象晋《群芳谱》而广之也。凡改正其门目者三以天谱、岁谱并为天时记，惟述物候荣枯而天谱之杂述灾祥，岁谱之泛陈节序者，俱删不录。其鹤鱼一谱，无关种植，亦无关民用，则竟全删。改正其体例者四。原本分条标目，前后参差，今每物先释其名状，次征据事实，统标曰汇考。诗文题咏，统标曰集藻。制用移植诸法，统标曰别录。其疗治一条，恐参校未精，泥方贻误，亦竟刊除。至象晋生于明季，不及见太平王会之盛，今则流沙蟠木，尽入版图，航海梯山，咸通职贡，凡殊方绝域之产，古所未闻者，俱一一详载，以昭圣朝之隆轨。又象晋以田居闲适，偶尔著书，不能窥天禄石渠之秘，考证颇疏，其所载者又多稗贩于《花镜》、《圃史》诸书，或迷其出处，或舛其姓名，讹漏不可殚数。今则东观之藏，开西昆之府，并溯委穷源，详为补正，以成博物之鸿编。赐名《广群芳谱》，特圣人褒纤芥之善，不没创始之功耳。实则新辑者十之八九，象晋旧文仅存十之一二也。"内容包括天、岁、谷、蔬、果、茶竹、桑麻、葛棉、药、木、花卉、鹤鱼等十二谱分类；对每一植物，都详叙形态特征，是此书的特点；所述栽培方法，则大都采自他书，且典故艺文占的篇幅很多。

《群芳谱》版本较为整齐，传承清楚，流传较广的有：

明汲古阁刻本

《渔阳全集》本

明沙村草堂刻本

清书业古讲堂刻本

清虎丘礼宗书院刻本

清文富堂刻本

二十四节气相关文献

《淮南鸿烈解》卷三

汉　高诱　注

天文训文者象也，天先垂文象，日月五星及彗孛皆谓以谴告一人，故曰天文。天墬地，籀文未形，冯冯翼翼，洞桐洞灟鐲灟，故曰大昭冯翼，洞灟，无形之貌。道始于虚廓霍，虚廓生宇宙，宇宙生气，气有汉垠汉垠，重安之貌，清阳者薄靡而为天薄靡者，若尘埃飞扬之貌，重浊者凝滞而为地，清妙之合专一作博易，重浊之凝竭难，故天先成而地后定。天地之袭精为阴阳袭合精气也，阴阳之专精为四时，四时之散精为万物。积阳之热气生火，火气之精者为日；积阴之寒气为水，水气之精者为月。日月之淫为精者为星辰。天受日月星辰，地受水潦尘埃。昔者共工与颛顼争为帝，怒而触不周之山，天柱折，地维绝。天倾西北，故日月星辰移焉不周山在西北倾者，高也。原道言地东南倾倾者，下也。此先言倾西北明其高也；地不满东南，故水潦尘埃归焉。天道曰圆，地道曰方。方者主幽，圆者主明。明者吐气者也，是故火曰外景；幽者含气者也，是故水曰内景。吐气者施，含气者化，是故阳施阴化。天之偏气，怒者为风；地之含气，和者为雨。阴阳相薄，感而为雷薄，迫感动也，激而为霆，乱而为雾。阳气胜则散而为雨露散，雾散也，阴气胜则凝而为霜雪。毛羽者，飞行之类也，故属于阳；介鳞者，蛰伏之类也，故属于阴。日者阳之主也，是故春夏则群兽除除，冬毛微堕也，日至而麋鹿解日冬至，麋角解；日夏至，鹿角解；月者阴之宗也，是以月虚而鱼脑减，月死而蠃蛖谤臙宗，本也，减，少也，臙肉不满言应阴气也。臙，音醮。火上荨覃，水下流，故鸟飞而高，鱼动而下。物类相动，本标未相应。故阳燧见日，则燃而为火；方诸见月，则津而为水阳燧，金也。取金杯无缘者，熟摩令热，日中时，以当日下，以艾承之，则燃得火方，诸阳燧大蛤也，熟磨拭令热，月盛时，以向月下，则水生。以铜盘受之下，水数滴。虎啸而谷风至，龙举而景云属，麒麟斗而日月食，鲸鱼死而彗星出，蚕珥丝而商弦绝，贲星坠而勃海决。人主之情上通于天，故诛暴则多飘风，枉法令则多虫螟，杀不辜则国赤地，令不收则多淫雨虎，土物也。谷风，木风也，木生于土，故虎啸而谷风至。龙，水也。云生水，故龙举而景云属，属会也。蚕老丝成，自中彻外，然视之如金精珥表里见，故曰珥丝。一曰弄丝于口，商音清弦细而急，故先绝也。贲星，客星也，又作孛星，坠陨勃大决溢也。暴，虐也，飘风迅也。虫食苗心，曰螟。赤，地旱也。干时之令不收纳，则久雨为灾。

四时者，天之吏也；日月者，天之使也；星辰者，天之期也；虹霓彗星者，天之忌也期，会也。雄为虹，雌为蜺。忌，禁也。

天有九野，九千九百九十九隅，去地五亿万里（九野，九天之野也。一野，千一百一十一隅）；五星，八风，二十八宿，五官，六府，紫宫，太微，轩辕，咸池，四守，天阿以上皆星名。

何谓九野？中央曰钧天，其星角、亢、氐韩郑之分野。东方曰苍天，其星房、心、尾。东北曰变天，其星箕、斗、牵牛阳气始作，万物萌芽，故曰变天。尾箕一名析木，燕之分野。斗，吴之分野。牵牛，一名星纪，越分野。北方曰玄天，其星须女、虚、危、营室。西北方曰幽天，其星东壁、奎娄虚危，一名玄枵，齐之分野。幽，阴也。西方季秋将即于阴，故曰幽天营室。东壁，一名承委，卫之分野。奎娄，一名降娄，鲁之分野。西方曰昊天，其星胃、昴卯毕。西南方曰朱天，其星觜、巂参、东井西方金色白，故曰昊天或作旻。昴毕，一名大梁，赵之分野。朱，阳也。西南为少阳，故曰朱天。觜巂参，一名实沈，晋之分野。南方曰炎天，其星舆鬼、柳七星。东南方曰阳天，其星张、翼轸柳七星，张周之分野，一名鹑火，东南纯用乾事，故曰阳天。翼轸，一名鹑尾，楚之分野。

何谓五星？东方，木也，其帝太皞太皞，伏羲氏有天下号也，死讬祀于东方之帝，其佐句芒，执规而治春，其神为岁星，其兽苍龙，其音角，其日甲乙木，色苍。苍，龙顺其色也。角，木也，甲乙皆木也。南方，火也，其帝炎帝炎帝，少典之子也。以火德王天下，号曰神农，死讬祀于南方之帝，其佐朱明旧说云祝融，执衡而治夏，其神为荧惑，其兽朱鸟荧惑，五星之一。朱鸟，朱雀也，其音徵，其日丙丁徵，火也。丙丁皆火也。中央，土也，其帝黄帝黄帝，少典之子，以土德王天下，号曰轩辕氏，死讬祀于中央之帝，其佐后土，执绳而制四方，其神为镇星，其兽黄龙土，色黄也，其音宫，其日戊己宫，土。戊己，土也。西方，金也，其帝少昊少昊，黄帝之子青阳也，以金德王，号曰金天氏，死讬祀于西方之帝，其佐蓐辱收，执矩而治秋，其神为太白，其兽白虎，其音商，其日庚辛商，金也。庚辛皆金也。北方，水也，其帝颛顼颛顼，黄帝之孙，以水德王天下，号曰高阳氏，死讬祀于北方之帝，其佐玄冥，执权而治冬，其神为辰星，其兽玄武，其音羽，其日壬癸羽，水也。壬癸皆水也。

太阴在四仲，则岁星行三宿仲，中也。四中，谓太阴，在卯、酉、子、午四面之中；太阴在四钩，则岁星行二宿丑钩辰，申钩巳，寅钩亥，未钩戌，谓太阴在四角。

二八十六，三四十二，故十二岁而行二十八宿。日行十二分度之一，岁行三十度十六分度之七，十二岁而周周，偏也。荧惑常以十月入太微，受制而出行列宿，司无道之国，为乱为贼，为疾为丧，为饥为兵，出入无常，辩变其色，时见时匿此皆所以谴告人君。镇星以甲寅元始建斗，岁镇行一宿，当居而弗居，其国亡土；未当居而居之，其国益地，岁熟。日行二十八分度之一，岁行十三度百一十二分度之五，一十八岁而周镇星，一偏。太白元始，以正月甲寅，与荧惑晨出东方。二百四十日而入，入百二十日而夕出西方；二百四十日而入，入三十五日而复出东方；出以辰戌，入以丑未；当出而不出，未当入而入，天下偃兵，当入而不入，当出而不出，天下兴兵。辰星正四时，常以二月春分效奎娄，以五月夏至效东井、舆鬼，以八月秋分效角、亢，以十一月冬至效斗、牵牛效，见。出以辰戌，入以丑未，出二旬而入，晨候之东方，夕候之西方；一时不出，其时不和，四时不出，天下大饥谷不熟曰饥。

何谓八风？距日冬至四十五日，条风至艮卦之风，一名融。为笙；条风至四十五日，明庶风至震卦之风也。为管；明庶风至四十五日，清明风至巽卦之风也。为柷；清明风至四十五日，景风至离卦之风也。为绞；景风至四十五日，凉风至坤卦之风也。为埙；凉风至四十五日，阊阖风至兑卦之风也。为钟；阊阖风至四十五日，不周风至乾卦之风也。为磬；不周风至四十五日，广莫风至坎卦之风也。为鼓。条风至，则出轻系，去稽留立春，故出轻系；明庶风至，则正封疆，修田畴春分播谷，故正封疆、治田畴；清明风至，则出币帛，使诸侯立夏，长养布恩惠，故币帛聘问诸侯；景风至，则爵有位，赏有功夏至阴气在下，阳盛于上，象阳布施，故赏有功，封建侯；凉风至，则报地德，祀四郊立秋节，农乃登谷尝祭，故报地德，祀四方神；阊阖风至，则收县垂，琴瑟不张秋分杀气，国君憯憯，故去钟磬县垂之乐；不周风至，则修宫室，缮边城立冬节，土工其始，故治宫室、缮修边城、备寇难；广莫风至，则闭关梁，决刑罚象冬，闭藏不通关梁也。罚刑疑者，于是顺时而决之。

何谓五官？东方为田，南方为司马，西方为理，北方为司空，中央为都田主农，司马主兵，理主狱，司空主土，都为四方最也。

何谓六府？子午、丑未、寅申、卯酉、辰戌、巳亥是也。

太微者，太乙之庭也太微，星名。太乙，天神。紫宫者，太一之居也。轩辕者，帝妃之舍也。咸池者，水鱼之囿也咸池，星名。水鱼，天神。天阿者，群神之阙也阙，门也。四宫者，所以为司赏罚四宫，紫宫、轩辕、咸池、天阿。太微者主朱雀主，犹典也。紫宫执斗而左旋，日行一度，以周于天。日冬至峻狼之山南极之山，日移一度，月行百八十二度八分度之五，而夏至牛首之山牛首，北极之山。

反覆三百六十五度四分度之一而成一岁。天一元始，正月建寅，日月俱入营室五度。天一以始建七十六岁，日月复以正月入营室五度，无余分，名曰一纪，凡二十纪，一千五百二十岁大终，日月星辰复始甲寅元。日行一度而岁有奇四分度之一，故四岁而积千四百六十一日而复合，故舍八十岁而复故曰。

子午、卯酉为二绳绳，直也，丑寅、辰巳、未申、戌亥为四钩。东北为报德之维也报，复也。阴气极于北方，阳气发于东方，自阴复阳，故曰报德之维。四角为尾也，西南为背阳之维西南已过，阳将复阴，故曰背阳之维，东南为常羊之维常羊，不进不退之貌。东南纯阳，用事不盛不衰，常如此，故曰常羊之维，西北为号通之维西北纯阴，阳气闭结，阳气将萌，号始通之，故曰号通之维。

日冬至则斗北中绳，阴气极，阳气萌，故曰冬至为德德，始生也。日夏至则斗南中绳，阳气极，阴气萌，故曰夏至为刑刑，始杀也，阴气极则北至北极，下至黄泉，故不可以凿地穿井。万物闭藏，蛰虫首穴，故曰德在室。阳气极则南至南极，上至朱天，故不可以夷丘上屋。万物蕃息，五谷兆长，故曰德在野。

日冬至则水从之，日夏至则火从之，故五月火正而水漏火正，火王也，故水渗漏，漏湿也，十一月水正而阴胜水正，水王也，故阴胜。阳气为火，阴气为水。水胜，故夏至湿；火胜，故冬至燥。燥故炭轻，湿故炭重。日冬至，井水盛，盆水溢，羊脱毛，麋角解，鹊始巢，八尺之修，日中而景丈三尺。日夏至而流黄泽，石精出流黄，土之精也，阴气作于下，故流泽而出也。石精，五色之精，蝉始鸣，半夏生，蚊虻不食驹犊，鸷鸟不搏黄口五月微阴，在夏驹犊、黄口肌血脆弱，故蚊虻、鸷鸟应阴不食、不搏也，八尺之景，修径尺五寸，景修则阴气胜，景短则阳气胜。阴气胜则为水，阳气胜则为旱。

阴阳刑德有七舍。何谓七舍？室、堂、庭、门、巷、术、野术，道径也。十二月德居室三十日，先日至十五日，后日至十五日，而徙所居各三十日。德在室则刑在野，德在堂则刑在术，德在庭则刑在巷。阴阳相德则刑德合门。八月、二月，阴阳气均，日夜分平，故曰刑德合门。德南则生，刑南则杀，故曰二月会而万物生，八月会而草木死。

两维之间，九十一度十六分度之五而升自东北至东南为两维，匝四维，三百六十五度，一度者二千九百三十二里。日行一度，十五日为一节，以生二十四时之变。斗指子则冬至，音比黄钟黄钟，十一月也。钟者，聚也。阳气聚于黄泉之下也。加十五日指癸则小寒，音比应钟应钟，十月也。言阴应于阳，转成其功，万物应时聚藏，故曰应钟。加十五日指丑则大寒，音比无射无射，九月也。阴气上升，阳气下降，万物随阳而藏，无有射出见也，故曰无射。加十五日指报德之维，则越阴在地，故曰距日冬至四十六日而立春，阳气冻解，音比南吕南吕，八月也。南，任。言阳气内藏阴，侣于阳，任成其功，故曰南吕。加十五日指寅则雨水，音比夷则夷则，七月也。夷伤则法也。言阳衰阴发，万物凋伤应法成性，故曰夷则。加十五日指甲则雷惊蛰，音比林钟林钟，六月也。林众钟聚也。阳极阴生，万物众聚而盛，故曰林钟。加十五日指卯中绳，故曰春分则雷行，音比蕤宾蕤宾，五月也。阴气萎蕤在下似主人，阳在上似宾客，故曰蕤宾。加十五日指乙则清明风至，音比仲吕仲吕，四月也。阳在外，阴在中，所以吕中于阳，助成功也，故曰仲吕。加十五日指辰则谷雨，音比姑洗姑洗，三月也。姑，故也。洗，新也。阳气养生，去故就新，故曰姑洗。加十五日指常羊之维则春分尽，故曰有四十六日而立夏，大风济，音比夹钟济，止也。夹钟，二月也。夹，夹也。万物去阴夹阳，地而生，故曰夹钟。加十五日指巳则小满小满，四月也，音比太簇太簇，正月律也。簇，蔟也。言阴衰阳发，万物簇地而生，故曰太簇。加十五日指丙则芒种，音比大吕大吕，十二月律也。吕，侣也。万物萌动于下，未能达见，故曰大吕，所以配黄钟，助阳宣功也。加十五日指午则阳气极，故曰有四十六而夏至，音比黄钟。加十五日指丁则小暑，音比大吕。加十五日指未则大暑，音比太簇。加十五日指背阳之维则夏分尽，故曰有四十六日而立秋，凉风至，音比夹钟。加十五日指申则处暑，音比姑洗。加十五日指庚则白露降，音比仲吕。加十五日指酉中绳，故曰秋分雷戒，蛰虫北乡，音比蕤宾。加十五日指辛则寒露，音比林钟。加十五日指戌则霜降，音比夷则。加十五日指号通之维则秋分尽，故曰有四十六日而立冬，草木毕死，音比南吕。加十五日指亥则小雪，音比无射。加十五日指壬则大雪，音比应钟。加十五日指子，故曰阳生于子，阴生于午。阳生于子，故十一月日冬至，鹊始加巢，人气钟首。阴生于午，故五月为小刑，荠麦亭历枯，冬生草木必死。

斗杓为小岁斗，第一星至第四星为魁，第五至第七为杓也，正月建寅，月从左行十二辰。咸池为太岁，二月建卯，月从右行四仲，终而复始。太岁迎者辱，背者强；左者衰，右者昌。小岁东南则生，西北则杀，不可迎也，而可背也；不可左也，而可右也，其此之谓也。大时者，咸池也；小时者，月建也。天维建元，常以寅始起，右徒一岁而移，十二岁而大周天，终而复始。淮南元年冬，太一在丙子，冬至甲午，立春丙子淮南王作书之元年也，一曰淮南王僭号。二阴一阳成气二；二阳一阴成气三阴精粗，故得气少；阳精微，故得气多。合气而为音，合阴而为阳，合阳而为律，故曰五音六律。音自倍而为日，律自倍而为辰，故曰十而辰十二。月日行十三度七十六分度之二十六六或作八，二十九日九百四十分日之四百九十九而为月，而以十二月为岁。岁有余十日九百四十分日之八百二十七，故十九岁而七闰。

日冬至子午，夏至卯酉。冬至加三日，则夏至之日也冬至后三日则明年夏至之日。岁迁六日，终而复始迁六日，今年以子冬至，后年以午冬至。壬午冬至，甲子受制，木用事，火烟青木，色青也，东方。七十二日，丙子受制，火用事，火烟赤火，色赤也，南方。七十二日戊子受制，土用事，火烟黄土，中央，其色黄。七十二日，庚子受制，金用事，火烟白西方金，其色白。七十二日，壬子受制，水用事，火烟黑北方水，其色黑。七十二日而岁终，庚子受制。岁迁六日，以数推之，七十岁而复至甲子。甲子受制则行柔惠，挺群禁，开阖扇，通障塞，毋伐木甲，木也。木王东方，故施柔惠，蛰伏之类出由户，故开阖扇，通障塞。春木王，故毋伐木也。丙子受制，则举贤良，赏有功，立封侯，出货财火用事，象阳明，识功劳，故封建侯，出货财。戊子受制，则养老鳏寡，行籽浮鬻欲，施恩泽土用事，象土长养，故施恩泽也。籽鬻，粥也。庚子受制，则缮墙垣，修城郭，审群禁，饰兵甲，儆百官，诛不法金用事，象金断害，故诛不如法度也。壬子受制，则闭门闾，大搜客禁搜客，出新客，断刑罚，杀当罪，息关梁，禁外徙水用事，象冬闭固，故禁外徙也。

甲子气燥浊，丙子气燥阳，戊子气湿浊，庚子气燥寒，壬子气清寒。丙子干甲子，蛰虫早出木气温，故早出，故雷早行。戊子干甲子，胎夭卵殰，鸟虫多伤。庚子干甲子，有兵。壬子干甲子，春有霜。戊子干丙子，霆。庚子干丙子，夷夷，伤也。夷，或电。壬子干丙子，雹。甲子干丙子，地动。庚子干戊子，五谷有殃。壬子干戊子，夏寒雨霜。甲子干戊子，介虫不为不成为介虫也。丙子干戊子，大旱，芇封煣芇，蒋草也。生水土相连，特大如薄者也。名曰封旱煣，故煣也。煣，音染。壬子干庚子，大刚，鱼不为不成为鱼。甲子干庚子，草木再死再生。丙子干庚子，草木复荣今八月九月时，李柰复荣，生实是也，戊子干庚子，岁或存或亡。甲子干壬子，冬乃不藏不藏，地气发也。丙子干壬子，星坠坠，陨也。戊子干壬子，蛰虫冬出其乡。庚子干壬子，冬雷其乡。

季春三月，丰隆乃出，以将其雨丰隆，雷也。至秋三月季秋之月，地气不藏，乃收其杀，百虫蛰伏，静居闭户（杀气也），青女乃出，以降霜雪青女，天神青获，王女，主霜雪也。行十二时之气，以至于仲春二月之夕，乃收其藏而闭其寒收敛其所藏而闭之。女夷鼓歌，以司天和，以长百谷禽鸟草木女夷，主春夏长养之神也。孟夏之月，以熟谷禾，雄鸠长鸣，为帝候岁雄鸠，盖布谷也。是故天不发其阴，则万物不生；地不发其阳，则万物不成。天圆地方，道在中央。日为德，月为刑。月归而万物死，日至而万物生。远山则山气藏，远水则水虫蛰，远木则木叶槁。日五日不见，失其位也，圣人不与也与，犹说也。

日出于旸谷，浴于咸池，拂于扶桑，是谓晨明拂，犹过一日至。登于扶桑，爰始将行，是谓朏窟明朏明，将明也。至于曲阿，是谓旦明平，旦也。至于曾泉，是谓蚤食。至于桑野，是谓晏食。至于衡阳，是谓隅中。至于昆吾，是谓正中昆吾，丘在南方。至于鸟次，是谓小还鸟次，西南方之山名也，鸟所宿止。至于悲谷，是谓铺时悲谷，西南方之大壑，言其深峻，临其上令人悲思，故曰悲谷。至于女纪，是谓大还女纪，西北阴地。至于渊虞，是谓高春渊虞，地名。高春，时加戌民碓舂时也。至于连烂石，是谓下春连石，西北山名，言将欲冥下象悉春，故曰下春。至于悲泉，爰止其女，爰息其马，是谓县车。至于虞渊，是谓黄昏。至于蒙谷，是谓定昏蒙谷，北方之山名也。日入于虞渊之汜凡，曙于蒙谷之浦曙，明也。浦，涯也，行九州七舍，有五亿万七千三百九里自旸谷至虞渊，凡十六所为九州七舍也，禹以为朝昼昏夜。夏日至则阴乘阳，是以万物就而死；冬日至则阳乘阴，是以万物仰而生。昼者阳之分，夜者阴之分，是以阳气胜则日修修，长也而夜短，阴气胜则日短而夜修。

帝张四维按以下至为四时根，时本在有其岁司之后。此依宋本，运之以斗运，旋也，月徙一辰，复反其所。正月指寅，十二月指丑，一岁而匝，终而复始。指寅，则万物螾螾，音引，动生貌，律受太蔟；太蔟者，蔟而未出也。指卯，卯则茂茂然，律受夹钟；夹钟者，种始荚也。指辰，辰则振之也，律受姑洗；姑洗者，陈去而新来也。指巳，巳则生已定也，律受仲吕；仲吕者，中充大也。指午，午者忤也，律受蕤宾；蕤宾者，安而服也。指未，未，昧也，律受林钟；林钟者，引而止也。指申，申者，呻之也，律受夷则；夷则者，易其则也，德以去矣。指酉，酉者饱也，律受南吕；南吕者，任包大也。指戌，戌者减也，律受无射；无射者，无厌也。指亥，亥者阂也，律受应钟；应钟者，应其钟也。指子，子者兹也，律受黄钟；黄钟者，钟已黄也。指丑，丑者纽也，律受大吕；大吕者，旅旅而去也，其加卯酉，则阴阳分，日夜平矣。故曰：规生矩杀，衡长权藏，绳居中央，为四时根。

道曰，规始于一，一而不生，故分而为阴阳，阴阳合和而万物生，故曰一生二，二生三，三生万物。天地三月而为一时，故祭祀三饭以为礼，丧纪三踊以为节，兵重三罕以为制。以三参物，三三如九，故黄钟之律九寸而宫音调调，和也。因而九之，九九八十一，故黄钟之数立焉。黄者土德之色，钟者气之所种也。日冬至，德气为土，土色黄，故曰黄钟。律之数六，分为雌雄，故曰十二钟，以副十二月。十二各以三成，故置一而十一，三之，为积分十七万七千一百四十七，黄钟大数立焉。凡十二律，黄钟为宫，太蔟为商，姑洗为角，林钟为徵，南吕为羽。物以三成，音以五立，三与五如八，故卯生者八窍。律之初生也，写凤之音，故音以八生。黄钟为宫，宫者音之君也，故黄钟位子，其数八十一，主十一月，下生林钟。林钟之数五十四，主六月，上生太蔟。太簇之数七十二，主正月，下生南吕。南吕之数四十八，主八月，上生姑洗。姑洗之数六十四，主三月，下生应钟。应钟之数四十二，主十月，上生蕤宾。蕤宾之数五十七，主五月，上生大吕。大吕之数七十六，主十二月，下生夷则。夷则之数五十一，主七月，上生夹钟。夹钟之数六十八，主二月，下生无射。无射之数四十五，主九月，上生仲吕。仲吕之数六十，主四月，极不生。徵生宫，宫生商，商生羽，羽生角，角生姑洗。姑洗生应钟，比于正音，故为和_{应钟，十月也，与正音比，故为和，和从声也}。应钟生蕤宾，不比正音，故为缪。日冬至，音比林钟，浸以浊。日夏至，音比黄钟，浸以清。以十二律应二十四时之变：甲子，仲吕之徵也；丙子，夹钟之羽也；戊子，黄钟之宫也；庚子，无射之商也；壬子，夷则之角也。

古之为度量，轻重生乎天道。黄钟之律修九寸，物以三生，三九二十七，故幅广二尺七寸_{古者，幅比皆然也}。音以八相生，故人修八尺，寻自倍，故八尺而为寻。有形则有声。音之数五，以五乘八，五八四十，故四丈而为匹。匹者，中人之度也。一匹而为制。秋分蔈猫定，蔈定而禾熟_{蔈，禾穗粟孚，甲之芒也。定者成也，故禾熟}。律之数十二，故十二蔈而当一粟，十二粟而当一寸。律以当辰，音以当日。日之数十_{十从甲至癸也}，故十寸而为尺，十尺而为丈。其以为量，十二粟而当一分_{分，言其轻重，分铢也}，十二分而当一铢，十二铢而当半两。衡有左右，因倍之，故二十四铢为一两。天有四时，以成一岁，因而四之，四四十六，故十六两而为一斤。三月而为一时，三十日为一月，故三十斤为一钧。四时而为一岁，故四钧为一石。其以为音也，一律而生五音，十二律而为六十音。因而六之，六六三十六，故三百六十音以当一岁之日。故律历之数，天地之道也。下生者倍，以三除之；上生者四，以三除之_{钟律上下相生，诱不敏也}。

太阴元始，建于甲寅，一终而建甲戌，二终而建甲午，三终而复得甲寅之元。岁徙一辰，立春之后，得其辰而迁其所顺，前三后五，百事可举_{前后，太阴之前后也}。太阴所建，蛰虫首穴而处，鹊巢乡而为户。太阴在寅，朱鸟在卯，勾陈在子，玄武在戌，白虎在酉，苍龙在辰。寅为建，卯为除，辰为满，巳为平，主生；午为定，未为执，主陷；申为破，主衡；酉为危，主杓；戌为成，主小德；亥为收，主大德；子为开，主太岁；丑为闭，主太阴。

太阴在寅，岁名曰摄提格。其雄为岁星，舍斗、牵牛，以十一月与之晨出东方，东井、舆鬼为对。太阴在卯，岁名曰单于单，读明扬之明，岁星舍须女、虚危，以十二月与之；晨出东方，柳七星，张为对。太阴在辰，岁名曰执除，岁星舍营室、东壁，以正月与之；晨出东方，翼轸为对。太阴在巳，岁名曰大荒落，岁星舍奎娄，以二月与之；晨出东方，角亢为对。太阴在午，岁名曰敦牂，岁星舍胃、昴毕，以三月与之；晨出东方，氐房心为对。太阴在未，岁名曰协洽，岁星舍觜嶲参，以四月与之；晨出东方，尾箕为对。太阴在申，岁名曰涒吞滩贪，岁星舍东井、舆鬼，以五月与之；晨出东方，斗、牵牛为对。太阴在酉，岁名曰作昨鄂，岁星舍柳七星、张，以六月与之；晨出东方，须女、虚危为对。太阴在戌，岁名曰阉茂，岁星舍翼轸，以七月与之；晨出东方，营室、东壁为对。太阴在亥，岁名曰大渊献，岁星舍角亢，以八月与之；晨出东方，奎娄为对。太阴在子，岁名曰困群敦，岁星舍氐房心，以九月与之；晨出东方，胃昴毕为对。太阴在丑，岁名曰赤奋若，岁星舍尾、箕，以十月与之；晨出东方，觜嶲参为对。太阴在甲子，刑德合东方宫，常徙所不胜，合四岁而离，离十六岁而复合。所以离者，刑不得入中宫，而徙于木。太阴所居，曰德，辰为刑；德，纲曰日倍，因柔曰徙所不胜。刑，水辰之木，木辰之水，金火立其处。凡徙诸神，朱鸟在太阴前一，钩陈在后三，玄武在前五，白虎在后六，虚星乘钩陈，而天地袭和也矣。

凡日，甲刚乙柔，丙刚丁柔，以至于癸。木生于亥，壮于卯，死于未，三辰皆木也。火生于寅，壮于午，死于戌，三辰皆火也。土生于午，壮于戌，死于寅，三辰皆土也。金，生于巳，壮于酉，死于丑，三辰皆金也。水生于申，壮于子，死于辰，三辰皆水也。故五胜生一，壮五，终九，五九四十五，故神四十五日而一徙。以三应五，故八徙而岁终。凡用太阴，左前刑，右背德，击钩陈之冲辰，以战必胜，以攻必克。欲知天道，以日为主，六月当心；左周而行，分而为十二月，与日相当，天地重袭，后必无殃。

星，正月建营室，二月建奎娄，三月建胃星，宜言日《明堂月令》孟春之月日在营室，仲春之月在奎娄，季春之月在胃。此言星，正月建营室，误也，四月建毕，五月建东井，六月建张，七月建翼，八月建亢，九月建房，十月建尾，十一月建牵牛，十二月建虚。

星分度：角十二，亢九，氐十五，房五，心五，尾十八，箕十一四分一，斗二十六，牵牛八，须女十二，虚十，危十七，营室十六，东壁九，奎十六，娄十二，胃十四，昴十一，毕十六，觜嶲二，参九，东井三十，舆鬼四，柳十五，星七，张、翼各十八，轸十七，凡二十八宿也。

星部地名：角、亢，郑；氐、房、心，宋；尾、箕、燕；斗、牵牛，越；须女，吴；虚、危，齐；营室、东壁，卫；奎、娄，鲁；胃、昴、毕，魏；觜嶲参，赵；东井、舆鬼，秦；柳、七星、张，周；翼、轸，楚。岁星之所居，五谷丰昌，其对为冲，岁乃有殃。当居而不居，越而之他处，主死国亡。

太阴治春，则欲行柔惠温凉木德，仁也，故柔凉也。太阴治夏，则欲布施宣明火德，阳也，故布施宣明也。太阴治秋，则欲修备缮兵金德断割，故修兵也。太阴治冬，则欲猛毅刚强纯阴闭固，水泽冰冻，故刚强也。三岁而改节，六岁而易常，故三岁而一饥，六岁而一衰，十二岁一康康，盛也。

甲齐，乙东夷，丙楚，丁南夷，戊魏，己韩，庚秦，辛西夷，壬卫，癸越。子周，丑翟，寅楚，卯郑，辰晋，巳卫，午秦，未宋，申齐，酉鲁，戌赵，亥燕。

甲乙寅卯，木也；丙丁巳午，火也；戊己四季，土也；庚辛申西，金也；壬癸亥子，水也。水生木，木生火，火生土，土生金，金生水。子生母曰义，母生子曰保，子母相得曰专，母胜子曰制，子胜母曰困。以胜击杀，胜而无报。以专从事而有功。以义行理，名立而不堕。以保畜养，万物蕃昌。以困举事，破灭死亡。

北斗之神有雌雄，十一月始建于子，月从一辰，雄左行，雌右行，五月合午谋刑，十一月合子谋德。太阴所居辰为厌日，厌日不可以举百事，堪舆徐行，雄以音知雌，故为奇辰，数从甲子始，子母相求，所合之处为合。十日十二辰，周六十日，凡八合，合于岁前则死亡，合于岁后则无殃。

甲戌，燕也，乙酉，齐也，丙午，越也，丁巳，楚也，庚申，秦也，辛卯，戎也，壬子，赵也，癸亥，胡也，戊戌、己亥，韩也，己酉、己卯，魏也，戊午、戊子，八合天下也。太阴、小岁、星、日、辰五神皆合，其日有云气风雨，国君当之。天神之贵者，莫贵于青龙，或曰天一，或曰太阴。太阳所居，不可背而可乡。北斗所击，不可与敌。天地以设，分而为阴阳。阳生于阴，阴生于阳，阴阳相错，四维乃通，或死或生，万物乃成。蚑行喙息，莫贵于人，孔窍肢体，皆通于天。天有九重，人亦有九窍；天有四时以制十二月，人亦有四肢以使十二节；天有十二月以制三百六十日，人亦有十二肢以使三百六十节。故举事而不顺天者，逆其生者也。以日冬至数来岁正月朔日，五十日者，民食足；不满五十日，日减一斗；有余日，日益一升。有其岁司也：

此圖今刊本式
與前圖兩存之
以備參考云

此圖藏本式

申 庚酉金壮 水
辛 戌火 壬 壮 生
 者主 胃娄奎壁

辰卯 甲
水木 寅火生
老壮 生土老
丑子亥
金水木
老壮生
斗牵 须 虚危室壁
牛 女

甲寅火生土老箕、尾

卯水壮心、房

辰水老氐、亢、角

丙巳金生轸、翼、张

午火壮金生柳、七星

丁未水老舆鬼、东井

亥木生壁、室、危、虚

子水壮须女

丑金老牵牛、斗

申生水参、觜

庚酉金壮毕、昂、胃

辛戌火老土壮娄、奎

摄提格之岁格，起。言万物承阳而起也，岁早水晚旱，稻疾，蚕不登登，成也，菽麦昌，民食四升。寅在甲曰于蓬言万物锋芒欲出，拥遏未通，故曰于蓬也。

单于之岁单，尽于止也。言阳气推万物而起，阴气尽止也，岁和，稻菽麦蚕昌，民食五升。卯在乙曰旃蒙在乙，言万物遏蒙甲而出，故曰旃蒙也。

执徐之岁执，蛰徐舒也，言伏蛰之物皆散舒而出也，岁早旱晚水，小饥，蚕闭，麦熟，民食三升。辰在丙曰柔兆在丙，万物皆生枝布叶，故曰柔兆也。

大荒落之岁荒，大也。方万物炽盛而大出，霍然落。落大布散，岁有小兵，蚕小登，麦昌，寂疾，民食二升。巳在丁曰强圉在丁，言万物刚盛，故曰强圉也。

敦牂之岁言万物皆盛壮也。敦牂，敦，盛；牂，壮也，岁大旱，蚕登，稻疾，菽麦昌，禾不为为，成也，民食二升。午在戊曰著雝在戊，言位在中央，万物繁养四方，故曰雝也。

协洽之岁协，和。洽，合也。言阴欲化万物和合，岁有小兵，蚕登，稻昌，菽麦不为，民食三升。未在己曰屠维在己，言万物各成其性，故曰屠维。屠，别。维，离也。

涒滩之岁涒，大。滩，修也。言万物皆修其精气也，岁和，小雨行，蚕登，菽麦昌，民食三升。申在庚曰上章上章，谓阴气上升，万物毕生也。

作鄂之岁作鄂，零落也。万物皆陊落，岁有大兵，民疾，蚕不登，菽麦不为，禾虫，民食五升。酉在辛曰重光在辛，言万物就成熟，其煌煌，故曰重光也。

掩茂之岁掩，蔽。茂，冒也。言万物皆蔽冒也，岁小饥，有兵，蚕不登，麦不为，菽昌，民食七升。戌在壬曰玄黓在壬，言岁终，包任万物，故曰玄黓。黓，音乙。

大渊献之岁渊，藏。献，迎也。言万物终在亥，大小深藏窟，伏以迎阳，岁有大兵，大饥，蚕开，菽麦不为，禾虫，民食三升。

困敦之岁困，混。敦，沌也。言阳气皆混沌，万物牙孽也，岁大雾起，大水出，蚕稻，麦昌，民食三斗。子在癸曰昭阳在癸，言阳气始萌，万物合生，故曰昭阳也。

赤奋若之岁奋，起也。若，顺也。言阳奋，物而起之，无不顺其性也。赤，阳色，岁有小兵，旱水，蚕不出，稻疾，菽不为，麦昌，民食一升。

正朝一作月夕，先树一表东方，操一表却去前表十步，以参望，日始出北廉，日直入。又树一表于东方，因西方之表以参望，日方入北廉，则定东方。两表之中，与西方之表，则东西之正也。日冬至，日出东南维，入西南维；至春、秋分，日出东中，入西中。夏至，出东北维，入西北维，至则正南。

欲知东西南北广袤谋之数者，立四表以为方一里岠巨。先春分若秋分十余日，从岠北表参望，日始出及旦，以候相应，相应则此与日直也。辄以南表参望之，以入前表数为法，除举广，除立表袤，以知从此东西之数也。假使视日出，入前表中一寸，是寸得一里也。一里积万八千寸，得从此东万八千里。视日方入，入前表半寸，则半寸得一里。半寸而除一里，积寸得三万六千里，除则从此西里数也。并之东西里数也，则极径也。未春分而直，已秋分而不直，此处南也。未秋分而直，已春分而不直，此处北也。分至而直，此处南北中也。从中处欲知中南也，未秋分而不直，此处南北中也。从中处欲知南北极远近，从西南表参望日，日夏至始出，与北表参，则是东与东北表等。正东万八千里，则从中北亦万八千里也。倍之，南北之里数也。其不从中之数也，以出入前表之数益损之，表入一寸，寸减日近一里，表出一寸，寸益远一里。

欲知天之高，树表高一丈，正南北相去千里，同日度其阴。北表二尺，南表尺九寸，是南千里阴短寸。南二万里则无景，是直日下也。阴二尺而得高一丈者，南一而高五也，则置从此南至日下里数，因而五之，为十万里，则天高也。若使景与表等，则高与远等也。

《周髀算经》

卷上之一

汉 赵君卿 注

周 甄 鸾 重述

唐 李淳风 注释

昔者周公问于商高，曰："窃闻乎大夫善数也，

周公，姓姬名旦，武王之弟。商高，周时贤大夫，善算者也。周公位居冢宰，德则至圣，案：圣，刻本作"高"，今从《永乐大典》本。尚卑已以自牧，案：卑上刻本衍"自"字，今据《永乐大典》本删。下学而上达，况其凡乎？

请问古者包牺立周天历度，

包牺，三皇之一，始画八卦。以商高善数，能通乎微妙，达乎无方，无大不综，无幽不显。闻包牺立周天历度，建章蔀之法。案：建，刻本作"运"，今据《永乐大典》本改。《易》曰，古者包牺氏之王天下也，仰则观象于天，俯则观法于地，此之谓也。

夫天不可阶而升，地不可得尺寸而度。案：得，刻本作"将"，今从《永乐大典》本改。

邈乎悬广，无阶可升。荡乎遐远，无度可量。

请问数安从出？"案：安从，刻本讹作"从案"，今据《永乐大典》本改。

心昧其机，请问其目。

商高曰："数之法，出于圆方。

圆径一而周三，方径一而匝四。伸圆之周而为句，展方之匝而为股，共结一角，邪适弦五。此圆方邪径相通之率。案：此，刻本讹作"政"，今据《永乐大典》

本改。故曰："数之法，出于圆方。"圆方者，天地之形，阴阳之数。然则周公之所问天地也，是以商高陈圆方之形，以见其象，因奇偶之数，以制其法。所谓言约指远，微妙幽通矣。

圆出于方，方出于矩，

圆规之数，理之以方。方，周匝也。方正之物，出之以矩。矩，广长也。

矩出于九九八十一。

推圆方之率，通广长之数，当须乘除以计之。九九者，乘除之原也。

故折矩，

故者，申事之辞也。将为句股之率，故曰"折矩"也。

以为句广三，

应圆之周。案：刻本讹作"广"谓之"周"，今据《永乐大典》本改。横者谓之广，句亦广。广，短也。

股修四，

应方之匝。从者谓之修，股亦修。修，长。

径隅五。

自然相应之率。径，直。隅，角也。亦谓之弦。

既方其外，半之一矩。案：各本作"既方之外，半其一矩"，讹舛不可通。注：内引径作"既方其外，惟半之"，讹作"半其"耳。据上云"折矩以为句广三，股修四，径隅五"，谓以十二折之句三，股四，其弦必五。此盖承上所折之形，令其外各自成。古则句实九，股实十六，弦实二十五，合五十，年也为一。矩于内减股实，开其余得句。减句实，开其余得股，若开北一矩则得弦。下云："环而共盘，得成三四五"是也。弦实二十五为一矩。并句实、股实亦二十五，为一矩。故下又云"两矩共长二十有五，是谓积矩"。推究上下文，可证"其"字、"之"字互讹，今改正。

句股之法，先知二数，然后推一。见句股，然后求弦。先各自乘，成其实。实成势化，尔乃变通。故曰："既方其外。"或并句、股之实以求弦。弦实之中案：各本脱一"弦"字，今补。乃求句、股之分并。实不正等，更相取与，互有所得，故曰："半之一矩。"案：之，各本亦讹作"其"，今改正。其术，句股各自乘，三三如九，四四一十六，并为弦自乘之实二十五。减句于弦，为股之实一十六。减股于弦，为句之实九。

环而共盘，得成三、四、五。

盘读如盘桓之盘。言取其并减之积，案：其，刻本讹作"而"，今据《永乐大典》本改。环屈而共盘之。案：此下刻本衍"谓"字，今据《永乐大典》本删。开方除之，得其一面。案：刻本脱"得"字，今据《永乐大典》本补。故曰"得成三、四、五"也。

两矩共长二十有五，是谓积矩。

两矩者，句股各自乘之实。共长者，并实之数。将以施于万事，而此陈其率也。

故禹之所以治天下者，此数之所生也。"

禹治洪水，决疏江河。案：疏，刻本讹作"流"，今据《永乐大典》本改。望山川之形，定高下之势，除滔天之灾，释昏垫之厄，使东注于海而无浸逆。案：逆，刻本作"溺"，今从《永乐大典》本。乃句股之所由生也。

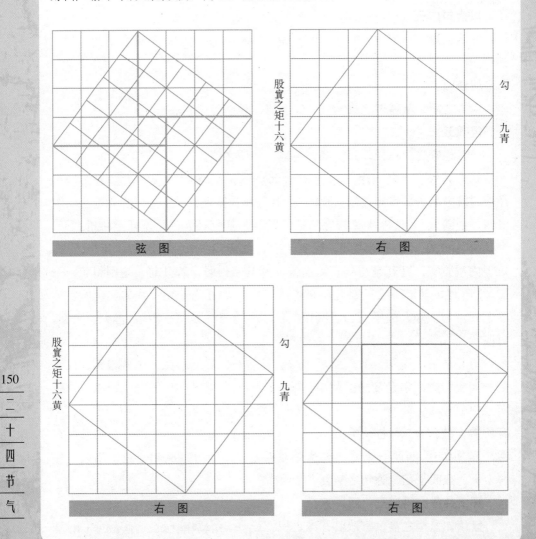

《句股圆方图》。句股各自乘，并之为弦实。开方除之，即弦。按弦图，又可以句股相乘为朱实二，倍之为朱实四。以句股之差自相乘为中黄实。加差实亦成弦实。以差实减弦实，半其余。以差为从法，开方除之，复得句矣。加差于句，即股。凡并句股之实即成弦实。或矩于外，或方于内。案：各本讹作"或矩于内，或方于外"，与下云"句实之矩，股实方其里。股实之矩，句实方其里"适相反。据刘徽注，《九章算术》云："里者则成方幂。其居表者则成矩幂"，可证"外"、"内"二字互讹，今改正。形诡而量均，体殊而数齐。句实之矩，以股弦差为广，股弦并为袤。而股实方其里。减矩句之实于弦实，开其余即股。倍股在两边为从法。开矩句之角即股弦差。加股为弦。以差除句实，得股弦并。以并除句实，亦得股弦差。令并自乘与句实为实。倍并为法，所得亦弦。句实减并自乘，如法为股。股实之矩，以为弦差为广，案：弦，各本讹作"股"，今改正。句弦并为袤。而句实方其里。减矩股之实于弦实，开其余即句。倍句在两边为从法。开矩股之角即句弦差。加句为弦。以差除股实，得句弦并。以并除股实，亦得句弦差。令并自乘与股实为实。倍并为法，所得亦弦。股实减并自乘，如法为句。两差相乘，倍而开之，所得以股弦差增之，为句。以句弦差增之，为股。两差增之，为弦。倍弦实列句股差实，减弦实者，以图考之，倍弦实满外大方而多黄实。黄实之多，即句股差实。以差实减之，开其余，得外大方。大方之面，即句股并也。令并自乘，倍弦实乃减之，开其余，得中黄方。黄方之面，即句股差。以差减并而半之，为句。加差于并而半之，为股。其倍弦为广袤合，令句股见者自乘为其实。四实以减之，开其余所得为差。以差减合，半其余为广。减广于弦，即所求也。观其迭相规矩，共为反复，互与通分，各有所得。然则统叙群伦，宏纪众理，贯幽入微，钩深致远。故曰："其裁制万物，惟所为之也。"

臣鸾释曰："按君卿注云：句股各自乘，并之为弦实。开方除之，即弦。"臣鸾曰："假令句三自乘得九，股四自乘得一十六，并之得二十五。开方除之得五，为弦也。"

注云："按弦图又可以句股相乘为朱实二，倍之为朱实四。以句股之差自相乘，为中黄实。"臣鸾曰："以句弦差二，倍之为四。自乘得一十六，为左图中黄实也。"

臣淳风等谨按：注云："以句股之差自乘为中黄实。"鸾云"倍句弦差自乘"者，苟求异端，虽合其数，于率不通。

注云："加差实亦成弦实。"臣鸾曰："加差实一，并外矩青八，得九。并中黄一十六，得二十五。亦成弦实也。"

臣淳风等谨按：注云："加差实一亦成弦实。"鸾云"加差实并外矩及中黄"者，虽合其数，于率不通。

注云："以差实减弦实，半其余。以差为从法，开方除之，复得句矣。"臣鸾曰："以差实九，减弦实二十五，余一十六。半之得八。以差一加之，得九。开之，得句三也。"

臣淳风等谨按：注宜云："以差实一减弦实二十五，余二十四。半之为一十二。以差一为从。开方除之，得句三。"鸾云"以差实九减弦实"者，虽合其数，于率不通。

注云："加差于句即股。"臣鸾曰："加差一于句三，得股四也。"

注云："凡并句股之实，即成弦实。"臣鸾曰："句实九，股实一十六，并之得二十五也。"

注云："或矩于外，或方于内。案："外"、"内"二字，各本亦互讹，今改正。形诡而量均，体殊而数齐。句实之矩，以股弦差为广，股弦并为袤。"臣鸾曰："以股弦差一为广，股四并弦五，得九为袤。左图外青也。"

注云："而股实方其表。"臣鸾曰："为左圆中黄十六。"

注云："减矩句之实于弦实，开其余即股。"臣鸾曰："减矩句之实九于弦实二十五，余一十六，开之得四，股也。"

注云："倍股在两边为从法，开矩句之角即股弦差。"臣鸾曰："倍股四得八，在图两边以为从法。开矩句之角九，得一也。"

注云："加股为弦。"臣鸾曰："加差一于股四，则弦五也。"注云："以差除句实得股弦并。"臣鸾曰："以差一除句实九，得九，即股四、弦五并为九也。"

注云："以并除句实，亦得股弦差。"臣鸾曰："以九除句实九，得股弦差一。"

注云："令并自乘与句实为实。"臣鸾曰："令股、弦得九，自乘为八十一，又以句实九加之，得九十为实。"

注云："倍并为法。"臣鸾曰："倍股弦并九得一十八，为法。"注云："所得亦弦。"臣鸾曰："除之，得五为弦。"

注云："句实减并自乘，如法为股。"臣鸾曰："以句实九减并自乘八十一，余七十二。以法一十八除之，得四，为股也。"注云："股实之矩以句弦差为广，句弦并为袤。"臣鸾曰："股实之矩以句弦差二为广，句弦并八为袤。"

注云："而句实方其里。减矩股之实于弦实，开其余即句。"臣鸾曰："句实有九，方在右图里。以减矩股之实一十六于弦实二十五，余九。开之，得三，句也。"

注云："倍句在两边。"臣鸾曰："各三也。"

注云："为从法，开矩股之角即句弦差。加句为弦。"臣鸾曰："加差二于句三，则弦五也。"

注云："以差除股实，得句弦并。"臣鸾曰："以差二除股实一十六得八，句三、弦五并为八也。"

注云："以并除股实，亦得句弦差。"臣鸾曰："以并除股实一十六，得句弦差二。"

注云："令并自乘与股实为实。"臣鸾曰："令并八自乘得六十四，以股实一十六加之，得八十，为实。"

注云："倍并为法。"臣鸾曰："倍句弦并八得一十六，为法。"注云："所得亦弦。"臣鸾曰："除之，得弦五也。"

注云："股实减并自乘，如法为句。"臣鸾曰："以股实一十六减并自乘六十四，余四十八。以法一十六除之，得三，为句也。"

注云："两差相乘，倍而开之，所得以股弦差增之，为句。"臣鸾曰："以股弦差一，乘句弦差二，得二。倍之为四。开之得二。以句弦差一增之，得三，句也。"

注云："以句弦差增之为股。"臣鸾曰："以句弦差二案：各本脱"句"字，今补。增之，得四，股也。"

注云："两差增之为弦。"臣鸾曰："以股弦差一，句弦差二增之，得五，弦也。"

注云："倍弦实，列句股，差实减弦实者，以图考之，倍弦实，满外大方而多黄实。黄实之多，即句股差实。"臣鸾曰："倍弦实二十五得五十。满外大方七七四十九，而多黄实。黄实之多，即句股差实一也。"案：各本脱"一"字，今据上下文补。

注云："以差实减之，开其余得外大方。大方之面即句股并。"臣鸾曰："以差实一减五十，余四十九。开之，即大方之面七也。亦是句股并也。"

注云："令并自乘，倍弦实，乃减之。开其余，得中黄方。黄方之面，即句股差。"臣鸾曰："并七自乘得四十九，倍弦实二十五得五十，以减之，余即中黄方，差实一也。故开之即句股差一也。"

注云："以差减并而半之，为句。"臣鸾曰："以差一减并七，余六。半之得三，句也。"

注云："加差于并而半之，为股。"臣鸾曰："以差一加并七得八。而半之，得四，股也。"

注云："其倍弦为广袤合。"臣鸾曰："倍弦二十五为五十，为广袤合。"

臣淳风等谨按：《列广袤术》宜云："倍弦五得十，为广袤合。"今鸾云"倍弦二十五者"，错也。

注云："令句股见者自乘，为其实。四实以减之，开其余，所得为差。"臣鸾曰："令自乘为其实。四实乘，得四十九。四实者，大方句股之中有四方。一方之中有方一十二。四实有四十八。减上四十九，余一也。开之得一，即句股差一。"

臣淳风等谨按：注意令自乘者，十自乘得一百。四实者，大方广袤之中，有四方。若据句实而言，一方之中有实九，四实有三十六。减上一百，余六十四。开之得八，即广袤差。此是股弦差减股弦并余数。若据股实而言之，一方之中有实十六，四实有六十四。减上一百，余三十六，开之得六，即广袤差。此是句弦差案：弦，刻本讹作"股"，今改正。减句弦并余数也。鸾云"令自乘者，以七七自乘得四十九。四实者，大方句股之中有四方，一方之中有方一十二，四实有四十八。减上四十九，余一也。开之得一，即句股差一"者，错也。

注云："以差减合，半其余为广。"臣鸾曰："以差一减合七，余六，半之得三，广也。"

臣淳风等谨按：注意以差八、六各减合十，余二、四。半之得一、二。一即股弦差，二即句弦差。以差减弦即各袤广也。鸾云"以差一减合七余六。半之得三"，广者，错也。

注云："减广于弦，即所求也。"臣鸾曰："以广三减弦五，即所求差二也。"

臣淳风等谨按：注意以广一、二各减弦五，即所求股四、句三也。鸾云"以广三减弦五，即所求差二者"，错也。

周公曰："大哉言数，

心达数术之意，故发"大哉"之叹。

请问用矩之道？"

谓用表之宜，测望之法。

商高曰："平矩以正绳，

以水绳之正，定平悬之体，将欲慎毫厘之差，防千里之失。

偃矩以望高，覆矩以测深，卧矩以知远。

言施用无方，曲从其事，术在《九章》。

环矩以为圆，合矩以为方。

既已追寻情理，又可造制圆方。言矩之于物，无所不至。

方属地，圆属天，天圆地方。

物有圆方，数有奇偶。天动为圆，其数奇。地静为方，其数偶。此配阴阳之义，非实天地之体也。天不可穷而见，地不可尽而观，岂能定其圆方乎？又曰："北极之下，高人所居六万里，滂沱四隤而下。天之中央，亦高四旁六万里。"是为形状同归而不殊途，隆高齐轨而易以陈。故曰："天似盖笠，地法覆槃。"

方数为典，以方出圆。

夫体方则度影正，形圆则审实难。盖方者有常，而圆者多变。故当制法而理之。理之法者，半周、半径相乘则得方矣。又可周径相乘，十而一。又可径自乘，三之，四而一。又可周自乘，十二而一。故曰"圆出于方"。

笠以写天。

笠亦如盖，其形正圆，戴之所以象天，写犹象也。言笠之体象天之形。《诗》云："何蓑何笠"，此之义也。

天青黑，地黄赤。天数之为笠也。青黑为表，丹黄为里，以象天地之位。

既象其形，又法其位。言相方类，不亦似乎？

是故，知地者智，知天者圣。

言天之高大，地之广远，自非圣智，其孰能与于此乎？

智出于句，

句亦影也。察句之损益，知物之高远。故曰："智出于句。"

句出于矩。

矩谓之表。表不移，亦为句。为句将正，故曰："句出于矩"焉。

夫矩之于数，其裁制万物，惟所为耳。"

言包含几微转通旋环也。

周公曰："善哉！"

善哉，言明晓其意。所谓问一事而万事达。

卷上之二

昔者，荣方问于陈子，

荣方、陈子是周公之后人。非《周髀》之本文。然此二人共相解释，后之学者为之章句，因从其类，列于事下。又欲尊而远之，故云"昔者"。时世、官号，未之前闻。

曰："今者窃闻夫子之道，

荣方闻陈子能述商高之旨，明周公之道。

知日之高大，

日去地与圆径之大。

光之所照，

日旁照之所及也。

一日所行，

日行天之度也。

远近之数。

冬至、夏至去人之远近也。

人所望见，

人目之所极也。

四极之穷，

日光之所远也。

列星之宿，

二十八宿之度也。

天地之广袤，

袤，长也。东西、南北谓之广长。

夫子之道，皆能知之，其信有之乎？"

能明察之故，不昧不疑。

陈子曰："然。"

言可知也。

荣方曰："方虽不省，愿夫子幸而说之。

欲以不省之情，而观大雅之法。

今若方者，可教此道耶？"

不能自料，访之贤者。

陈子曰："然。"

言可教也。

此皆算术之所及。

言《周髀》之法，出于算术之妙也。

子之于算，足以知此矣。若诚累思之。"

累，重也。言若诚能重累思之，则达至微之理。

于是荣方归而思之，数日不能得。

虽潜心驰思，而才单智竭。

复见陈子，曰："方思之不能得。敢请问之。"陈子曰："思之未熟，
熟犹善也。

此亦望远起高之术。而子不能得，则子之于数，未能通类。

定高远者立两表，望悬邈者施累矩。言未能通类求句股之意。

是智有所不及，而神有所穷。

言不能通类，是情智有所不及，而神思有所穷滞。

夫道术、言约而用博者，智类之明。

夫道术圣人之所以极深而研几。唯深也，故能通天下之志。唯几也，故
能成天下之务。是以其言约，其旨远，故曰"智类之明"也。

问一类而万事达者，谓之知道。

引而伸之，触类而长之，天下之能事毕矣，故谓之知道也。

今子所学，

欲知天地之数。

算数之术。是用智矣。而尚有所难，是子之智类单。

算术所包尚以为难，是子智类单尽。

夫道术所以难通者，既学矣，患其不博。

不能广博。

既博矣，患其不习。

不能究习。

既习矣，患其不能知。

不能知类。

故同术相学，

术教同者则当学通类之意。

同事相观，

事类同者观其旨趣之类。

此列士之愚智。

列犹别也。言视其术，鉴其学，则愚智者别矣。

贤不肖之所分，

贤者达于事物之理，不肖者闇于照察之情，至于役神驰思，聪明殊别矣。

是故能类以合类，此贤者业精习智之质也。

学其伦类，观其指归，惟贤智精习者能之也。

夫学同业而不能入神者，此不肖无智，而业不能精习。

俱学道术，明智不察，不能以类合类而长之。此心游目荡，义不入神也。

是故算不能精习。吾岂以道隐子哉？固复熟思之。

凡教之道，不愤不启，不悱不发。愤之悱之，然后启发。既不精思，又不学习，故言吾无隐也，尔固复熟思之。举一隅，使反之以三也。

荣方复归思之，数日不能得。复见陈子，曰："方思之已精熟矣。智有所不及，而神有所穷，知不能得。愿终请说之。"

自知不敏，避席而请说之。

陈子曰："复坐，吾语汝。"于是荣方复坐而请陈子说之。曰："夏至南万六千里，案：经文之例，首位一万但称万，一千但称千，一百但称百，一十但称十，省去"一"字，次位以下不得省。注文则首位亦不省，此书中通例。

冬至南十三万五千里，日中立竿测影，

臣鸾曰："南戴日下立八尺表，表影一千里而差一寸。是则天上一寸，地下一千里。今夏至影有一尺六寸，故知其一万六千里。冬至影一丈三尺五寸，故知其一十三万五千里。"

此一者，天道之数。

言天道之数一，悉以如此。

周髀长八尺，夏至之日晷尺六寸。

晷，影也。此数望之从周城之南一千里也。而周官测景，尺有五寸。盖出周城南一千里也。记云："神州之土方五千里。"虽差一寸，不出畿地之分，先四和之实，故建王国。

髀者，股也。正晷者，句也。

以髀为股，以影为句。股定，然后可以度日之高远。正晷者，日中之时节也。

正南千里，句尺五寸。正北千里，句尺七寸。

候其影，使表相去二千里，影差二寸。将求日之高远，故先见其表影之率。

日益表南，晷日益长。候句六尺，

候其影使长六尺者，欲令句股相应，句三、股四、弦五，句六、股八、弦十。

即取竹，空径寸，长八尺。捕影而视之，空正掩日，

以径一寸之空视日之影，髀长则大，矩短则小，正满八尺也。捕索也。掩犹覆也。

而日应空之孔。

掩若重规。更言八尺者，举其定也。又日近则大，远则小，以影六尺为正。

由此观之，率八十寸，而得径一寸。

以此为日髀之率。

故以句为首，以髀为股。

首犹始也。股犹末也。句能制物之率，股能制句之正。欲以为总见之数，立精理之本。明可以周万事，智可以达无方。所谓"智出于句，句出于矩"也。

从髀至日下六万里，而髀无影。从此以上至日，则八万里。

臣鸾曰："求从髀至日下六万里者，先置南表晷六尺，上十之为六十寸。以两表相去二千里乘，得一十二万里为实。以影差二寸为法，除之，得日底地去表六万里。求从髀至日八万里者，先置表高八尺，上十之为八十寸。以两表相去二千里乘之，得一十六万里案：各本脱"里"字，今补正。为实。以影差二寸为法，除之，得从表端上至日八万里也。"

若求邪至日者，以日下为句，日高为股，句股各自乘，并而开方除之，得邪至日，从髀所旁至日所十万里。

旁，此古邪字。求其数之术曰："以表南至日下六万里为句，以日高八万里为股，为之求弦。句股各自乘，并而开方除之，即邪至日之所也。"

臣鸾曰："求从髀邪至日所法：先置南至日底六万里为句，重张自乘，得三十六亿为句实。更置日高八万里为股，重张自乘，得六十四亿为股实。并句股实得一百亿为弦实。开方除之，得从王城至日一十万里。今有一十万里，问径几何？曰：一千二百五十里。八十寸而得径一寸，以一寸乘一十万里为实。八十寸为法，即得。"

以率率之，八十里符径一里。十万里得径千二百五十里。

法当以空径为句率，竹长为股率。日去人为大股，大股之句即日径也。其术以句率乘大股，股率而一。此以八十里为法，一十万里为实。实如法而一，即得日径。

故曰：日晷径千二百五十里。

臣鸾曰："求以率八十里得径一里，一十万里得径一千二百五十里法，先置竹空径一寸为一千里案：千，各本讹作"十"，今改正。为句，更置邪去日一十万里为股。以句一千里案：千，各本亦讹作"十"，今改正。乘股一十万里，得一亿为实。更置日去地八万里为法。除实得日晷径一千二百五十里。故云日晷径也。"

臣淳风等谨按：夏至王城望日，立两表相去二千里，表高八尺。影去前表一尺五寸，去后表一尺七寸。旧术以前后影差二寸为法，以前影寸数乘表间为实。实如法，得万五千里为日下去南表里。又以表高八十寸乘表间为实。实如法，得八万里为表上去日里。仍以表寸为日高，影寸为日下。待日渐高，俟日影六尺，用之为句。以表为股。为之求弦，得十万里为邪表数目。取管圆孔径一寸，长八尺，望日满筒以为率。长八十寸为一，邪去日一十万里，日径即一千二百五十里。以理推之，法云：天之处，心高于外衡六万里者，此乃语与术违，句六尺，股八尺，弦十尺，角隅正方，自然之数。盖依绳水之定，施之于表矩。然则天无别体，用日心为高下。术既随平而迁，河下从何而出？语术相违，是为大失。又按：二表下地，依水平法，定其高下。若此表地高则以为句，以间为弦。置其高数，其影乘之，其表除之，所得益股为定间。若北表下者，亦置所下，以法乘除，所得以减股为定间。又以高下之数与间相约，为地高远之率。求远者，影乘定间，差法而一，所得加表，日之高也。求邪去地者，弦乘定间，差法而一，所得加弦，日邪去地也。此三等至皆以日为正。求日下地高下者，置戴日之远近，地高下率乘之，如间率而一，所得为日下地高下。形势隆杀与表间同，可依此率。若形势不等，非代所知。率日径求日大小者，径率乘间，如法而一，得日径。此径当即得，不待影长六尺。凡度日者，先须定二矩水平者，影南北，立句齐高四尺，相去二丈。以二弦候牵于句上，并率二则拟为候影。句上立表，弦下望日。前一则上畔，后一则下畔，引则就影，令与表日参直。二至前后三四日间，影不移处，即是当以候表，并望人取一影亦可，日径影端表头为则。然地有高下，表望不同，后六术乃穷其实。第一，后高前下术。高为句，表间为弦。后复影为所求率，表为所有率，案：所有，各本讹作"有所"，今改正。以句为所有数。所得益股为定间。第二，后下术。以其所下为句，表问为弦。置其所下，以影乘表除，所得减股，余为定间。第三，邪下术。依其此高之率高其句影，令与地势隆杀相似，余同平法。假令髀邪下而南，其邪亦同，不须别望。但弦短与句股不得相应。其南里数亦随地势，不得校平。平则促。若用此术，但得南望。若此望者，即用句影南下之术，当此面之地。第四，邪上术。依其后下之率下其句影，此谓迴望北极以为高远者，望去取望亦同南望。此术弦长，亦与句股不得相应。惟得北望，不得南望。若南望者，即用句影北高之术。第五，平术。不论高下，周髀度日用此平术。故东、西、南、北四望皆通。远近一差，不须别术。第六术者，是外衡。其径云四十七万六千里。半之，得二十三万八千里者，是外衡去天心之处。心高于外衡六万里为率，南行二十三万八千里，下校六万里约之，得南行一百一十九里，下校三十里。一百一十九步，差下三十步，则三十步太强差十步。以此约准，则不合有平地。地既平而用术尤乖理验。且自古论晷影差变每有不同。今略其梗概，取其推步之要。《尚书·考灵曜》云："日永景尺五寸，日短一十三尺。日止南千里而减一寸。"张衡《灵宪》云："悬天之晷，薄地之仪，皆移千里而差一寸。"郑元注《周礼》云："凡日景于地，千里而差一寸。"王蕃、姜岌因此为说。按前诸说，差数并同，其言更出书，非直有此。以事考量，恐非实矣。谨案：宋元嘉十九年，岁在壬午，遣使往交州度日影，夏至之日影在表南三寸二分。《太康地理志》：交趾去洛阳一万一千里，阳城去洛阳一百八十里。交趾西南望阳城、洛阳，在其东南。较而言之，令阳城去交趾，近于洛阳去交趾一百八十里，则交趾去阳城一万八百二十里，而影差有八寸寸二分，是六百里而影差一寸也。况复人路迂迴，羊肠曲折，方于鸟道，所较弥多。心事验之，又未盈五百里差一寸，明矣。千里之言，固非实也。何承天又六诏以上圭测景，考校二至，差三日有余。从来积岁及交州所上，验其增减，亦相符合。此则影差之验也。《周礼·大司徒职》曰："夏至之景尺有五寸。"马融以为洛阳，郑元以为阳城。《尚书·考灵曜》："日永影一尺五寸。"郑玄以为阳城日短十三尺。《易纬·通卦验》："夏至景尺有四寸八分，冬至一丈三尺。"刘向《洪范传》："夏至景一尺五寸八分。"是时汉都长安，而向不言测影处所，若在长安，则非晷影之正也。夏止影长一尺五寸八分，冬至影一丈三尺一寸四分。向又云："春秋分长七尺三寸六分"，此则总是虚妄。《后汉历志》："夏至影一尺五寸。"后汉洛阳冬至一丈三尺。自梁天监以前并同此数。魏景初，夏至影一尺五寸。魏初都昌，昌与颖川相近。后都洛阳，又在地中之数。

但《易纬》因汉历旧影，似不别影之，冬至一丈三尺。晋姜岌影一尺五寸。晋都建康在江表，验影之数遥取阳城，冬至一丈三尺。宋大明祖冲之历，夏至影一尺五寸。宋都秣陵遥取影同前，冬至一丈三尺。后魏信都芳注《周髀四术》云："按永平元年戊子，是梁天监之七年也，见洛阳测影，又见公孙崇集诸朝士共观秘书影，同是夏至之日以八尺之表测日中影，皆长一尺五寸八分，虽无六寸，案：寸，各本讹作"尺"，今改正。近六寸。梁武帝大同十年，太史令虞𠨞以九尺表，于江左建康测夏至日中影，长一尺三寸二分。以八尺表测之，影长一尺一寸七分强。冬至一丈三尺七分，八尺表影长一丈一尺六寸二分弱。隋开皇元年，冬至影长一丈二尺七寸二分。开皇二年，夏至影一尺四寸八分。冬至长安测，夏至洛阳测。及王邵《隋灵感志》，冬至一丈二尺七寸二分，长安测也。开皇四年，夏至一尺四寸八分，洛阳测也。冬至一丈二尺八寸八分，洛阳测也。大唐贞观二年已丑五月二十三日癸亥夏至，中影一尺四寸六分，长安测也。十一月二十九日丙寅冬至，中影一丈二尺六寸三分，长安测也。按：汉、魏及隋所记夏至中影或长或短，齐其盈缩之中，则夏至之影尺者五寸为近定实矣。以《周官》推之，洛阳为所交会，则冬至一丈二尺五寸亦为近矣。按：梁武帝都金陵，去洛阳南北大较千里。以尺表令其有九尺影，则大同十年江左八尺表夏至影长一尺一寸七分。若是为夏至八尺表千里而差一寸弱矣。此推验即是夏至影差降升不同，南北远近数亦有异。若以一等永定，恐皆乖理之实。案：此条字句多脱，误不可通。

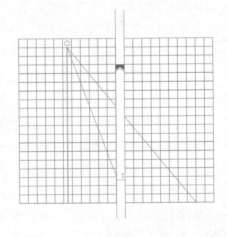

《日高图》。黄甲与黄乙其实正等。以表高乘两表相去为黄甲之实。以影差为黄乙之广而一，所得则变得黄乙之袤，上与日齐。按图当加表高，今言八万里者，从表以上复加之。青丙与青己其实亦等。黄甲与青丙相连，黄乙与青己相连，其实亦等。案："青己"当作"青戊"，黄甲与青丙以下亦讹舛衍复。皆以影差为广。

臣鸾曰："求日高法，先置表高八尺为八万里为袤，以两表相去二千里为广，乘袤八万里得一亿六千万里，为黄甲之实。以影差二寸为二千里为法，除之，得黄乙之袤八万里，即上与日齐。此言两表相去名曰甲，日底地上至日名曰乙。上天名青丙，下地名青戊。据影六尺，王城上天南至日六万里。王城内至日底地亦六万里。是上下等数。日夏至南万六千里者，立表八尺于王城，影一尺六寸。影寸千里。故王城去夏至日底地万六千里也。"

法曰：周髀长八尺，句之损益，寸千里。

句谓影也。言悬天之影，薄地之仪，皆千里而差一寸。

故极极者天广袤也。

言极之远近有定，则天广长可知。

今立表高八尺以望极，其句丈三寸。由此观之，则从周北十万三千里而至极下。"

谓冬至日加卯、酉之时若春、秋分之夜半。极南两旁与天中齐，故以为周去天中之数。

荣方曰："周髀者何？"陈子曰："古时天子治周，

古时天子谓周成王时。以治周居王城，故曰："昔先王之经邑，奄观九隩，靡地不营。土圭测影，不缩不盈。当风雨之所交，然后可以建王城。此之谓也。"

此数望之从周，故曰周髀。

言周都河南，为四方之中，故以为望主也。

髀者，表也。

因其行事，故曰"髀"。由此捕望，故曰"表"。影为句，故曰"句股"也。

日夏至南万六千里，日冬至南十三万五千里，日中无影。以此观之，从南至夏至之日中十一万九千里。

诸言极者，斥天之中。极去周一十万三千里，亦谓极与天中齐时，更加南万六千里是也。

北至其夜半亦然。

日极在极半正等也。

凡径二十三万八千里。

并南北之数也。

此夏至日道之径也。

其径者，圆中之直者也。

其周七十万四千里。

周，匝也。谓天戴日行，其数以三乘径。

臣鸾曰："求夏至日道径法，列夏至日去天中心一十一万九千里，夏至夜半日亦去天中心一十一万九千里，并之，得夏至日道径二十三万八千里。三乘径，得周七十一万四千里也。"

从夏至之日中，至冬至之日中，十一万九千里。

冬至日中去周一十三万五千里，除夏至日中去周一万六千里是也。

北至极下亦然。则从极南至冬至之日中，二十三万八千里。从极北至其夜北亦然。凡径四十七万六千里。此冬至日道径也。其周百四十二万八千里。从春秋分之日中至至极下，十七万八千五百里。

春秋之日影七尺五寸五分，加望极之句一丈三寸。

臣鸾曰："求冬至日道径法：列夏至去冬至日中一十一万九千里，从夏至日道北径亦一十一万九千里，并之，得冬至日中北极下二十三万八千里。从极至夜，半亦二十三万八千里。并之，得冬至日道径四十七万六千里。以三乘径，即冬至日道周一百四十二万八千里。"

从极下北至其夜半亦然。凡径三十五万七千里，周百七万一千里。故曰：月之道常缘宿，日道亦与宿正。

内衡之内，外衡之北，圆而成规，以为黄道。二十八宿列焉。月之行也， 案：月，各本讹作"日"，考下文言"月蚀"，则此指月出入黄道甚明。今改正。**一出一入，或表或里，五月二十三分月之二十而一蚀，** 案：各本脱"而"字、"蚀"字。今考《后汉书》云："百三十五月，月以二十三食，以二十三除百三十五得五月。余二十，命二十三分月之二十。"《后汉书》所谓相除，得五月二十三之二十而一食也。今《后汉书》"五月"讹作"五百"，与此各有讹舛，可以互订，今改正。**道一交，谓之合朔交会及月蚀相去之数，故曰"缘宿"也。日行黄道以宿为正，故曰"宿正"。于中衡之数与黄道等。**

臣鸾曰："求春、秋分日道法：列春、秋分日中北至极下一十七万八千五百里，从北极北至其夜半亦然。并之，得春、秋分日道径三十五万七千里。以三乘径，即日道周一百七万一千里。求黄道径法：列从北极南至夏至日中一十一万九千里，以从极北至冬至夜半二十三万八千里，并之，得黄道三十五万七千里。从极南至冬至日中，案：各本脱"中"字，今补。北至夏至日夜半，亦黄道径也。以三乘径，得周一百七万一千里也。"

南至夏至之日中，北至冬至之夜半，南至冬至之日中，北至夏至之夜半，亦径三十五万七千里，周百七万一千里。

此皆黄道之数，与中衡等。

春分之日夜分，以至秋分之日夜分，极下常有日光。

春、秋分者昼夜等。春分至秋分日内近极，故日光照及也。

秋分之日夜分，以至春分之日夜分，极下常无日光。

秋分至春分日外远极，故日光照不及也。

故春、秋分之日夜分之时，日所照，适至极，阴阳之分等也。冬至、夏至者，日道发敛之所生也，至昼夜长短之所极。

发犹往也。敛犹还也。极，终也。

春秋分者，阴阳之修，昼夜之象。

修，长也。言阴阳长短之等。

昼者阳，夜者阴。

以明暗之差为阴阳之象。

春分以至秋分，昼之象。

北极下见日光也。日永主物生，故象昼也。

秋分至春分，夜之象。

北极下不见日光也。日短主物死，故象夜也。

故春、秋分之日中，光之所照北极下，夜半日光之所照亦南至极，此日夜分之时也。故曰：日照四旁，各十六万七千里。

至极者，谓璇玑之际，为阳绝阴彰。以日夜之时而日光有所不逮，故知日旁照一十六万七千里，不及天中一万一千五百里也。

人所望见远近，宜如日光所照。

日近我一十六万七千里之内，日及我。我目见日，故为日出。日远我一十六万七千里之外，日则不及我，我亦不见日，故为日入。是为日与目见于一十六万七千里之中，故曰："远近宜如日光之所照"也。

从周所望见，北过极六万四千里，

自此以下，诸言减者，皆置日光之所照，若人目之所见一十六万七千里，以除之。此除极至周一十万三千里。

臣鸾曰："求从周所望见北过极六万四千里法：列人目所极一十六万七千里，以王城周去极一十万三千里减之，余六万四千里，即人望过极之数也。"

南过冬至之日三万二千里。

除冬至日中去周一十三万五千里。

臣鸾曰："求冬至日中三万二千里法：列人目所极一十六万七千里，以冬至日中去王城一十三万五千里减之，余即过冬至日中三万二千里也。"

夏至之日中光，南过冬至之日中光四万八千里，

除冬至之日相去一十一万九千里。

臣鸾曰："求夏至日中光南过冬至日中光四万八千里法：列日高照一十六万七千里，以冬、夏至日中相去一十一万九千里减之，余即南过冬至之日中光四万八千里。"

南过人所望见万六千里，

夏至日中去周一万六千里。

臣鸾曰："求夏至日中光南过人所望见一万六千里法：列王城去夏至日光，光南过人所望见一万六千里，加日光所及一十六万七千里，得一十八万三千里。以人目所极一十六万七千里减之，余即南过人目所望见一万六千里也。"

北过周十五万一千里，

除周夏至之日中一万六千里。

臣鸾曰："求夏至日中光北过周一十五万一千里法：列日光所及一十六万七千里，以王城去夏至日中一万六千里减之，余即北过周一十五万一千里。"

北过极四万八千里。

除极去夏至之日一十一万九千里。

臣鸾曰："求夏至日中光北过极四万八千里法：列日光所及一十六万七千里，以北极去夏至夜半一十一万九千里减之，余即北过极四万八千里也。"

冬至之夜半日光，南不至人所见七千里，

倍日光所照里数，以减冬至日道径四十七万六千里，又除冬至日中去周一十三万五千里。

臣鸾曰："求冬至夜半日光南不至人目所见七千里法：列日光十六万七千里，倍之，得三十三万四千里。以减冬至日道径四十七万六千里，余一十四万二千里。复以冬至日中去周一十三万五千里减之，余即不至人目所见七千里。"

不至极下七万一千里。

从极至夜半除所照十六万七千里。

臣鸾曰："求冬至日光不至极下七万一千里法：列冬至夜半去极二十三万八千里，以日光一十六万七千里减之，余即不至极下七万一千里。"

夏至之日中与夜半日光九万六千里，过极相接。

倍日光所照，以夏至日道径减之，余即相接之数。

　　臣鸾曰："求夏至日中日光与夜半相接九万六千里法，列倍日光所照一十六万七千里，得径三十三万四千里。以夏至日道径二十三万八千里减之，<small>案：道，各本讹作"过"，今改正。</small>余即日光相接九万六千里也。"

　　冬至之日中与夜半日光不相及十四万二千里，不至极下七万一千里。

　　倍日光所照，以减冬至日道径，余即不相及之数。半之，即各不至极下。

　　臣鸾曰："求冬至日光与夜半日不及十四万二千里，不至极下七万一千里法：列冬至日道径四十七万六千里，以倍日光所照三十三万四千里减之，余即日光不相及一十四万二千里。半之，即不至极下七万一千也。"

　　夏至之日，正东西望，直周东西日下至周五万九千五百九十八里半。

　　求之术：以夏至日道径二十三万八千里为弦。倍极去周一十万三千里，得二十万六千里为股。为之求句。以股自乘减弦自乘，其余开方除之，得句一十一万九千一百九十七里有奇。半之，各得周半数。

　　臣鸾曰："求夏至日正冬西去周法：列夏至日道径二十三万八千里为弦。自相乘得五百六十六亿四千四百万为弦实。更置极去周一十万三千里，倍之为二十万六千里为股。重张自相乘，得四百二十四亿三千六百万为股实。以减弦实，余一百四十二亿八百万，即句实。以开方除之，得正东西去周一十一万九千一百九十七里、二十三万八千三百九十五分里之七万五千一百九十一。半之，即周东西各五万九千五百九十八里半。注曰：'奇者，分也。'若求分者，倍分母得四十七万六千七百九十，即一方得五万九千五百九十八里半、四十七万六千七百九十分里之七万五千一百九十一。本经无所余。算之次，因而演之也。"

　　冬至之日，正东西方不见日。

　　正东西方者，周之卯酉。日在一十六万七千里之外，故不见日。

　　以算求之，日下至周二十一万四千五百五十七里半。

　　求之术：以冬至日道径四十七万六千里为弦。倍极之去周一十万三千里，得二十万六千里为句。为之求股。句自乘减弦之自乘，其余开方除之，得四十二万九千一百一十五里有奇。半之，各得东西数。

　　臣鸾曰："求冬至正东西方不见日法：列冬至日道径四十七万六千里为弦，重张相乘得二千二百六十五亿七千六百万为弦实。更列极去周十万三千里，倍之得二十万六千里为句，重张相乘得四百二十四亿三千六百万。以减弦实，余一千八百四十一亿四千万，<small>案：四千，各本讹作"四十"，今改正。</small>即股实。开方除之，得周直，东西四十二万九千一百一十五里、八十五万八千二百三十一分里之三十一万六千七百七十五。半之，^{案：各本脱}"之"字，今据前后文补。即周一方去日二十一万四千五百五十七里半，亦倍分母，得一百七十一万六千四百六十二分里之三十一万六千七百七十五。

凡此数者，日道之发敛。

凡此上周径之数者，日道往还之所至，昼夜长短之所极。

冬至夏至，观律之数，听钟之音。

观律数之生，听钟音之变，知寒暑之极，明代序之化也。

冬至昼，夏至夜，

冬至昼夜日道径，半之，得夏至昼夜日道径法：置冬至日道径四十七万六千里，半之，得夏至日中去夏至夜半二十三万八千里，为四极之里也。

差数及日光所还观之。

以差数之所及，日光所远，以此观之，则四极之穷也。

四极径八十一万里，

从极南至冬日日中二十三万八千里，又日光所照一十六万七千里，凡径四十万五千里。北至其夜半亦然。故日径八十一万里。八十一者，阳数之终，日之所极。

臣鸾曰："求四极径八十一万里法：列冬至日中去极二十三万八千里，复加冬至日光所及十六万七千里，得四十万五千里。北至其夜半亦然。并南北即是大径八十一万里。"

周二百四十三万里。

三乘径即得周。

臣鸾曰："以三乘八十一万里，得周二百四十三万里。自此以外，日所不及也。"

从周至南日照处三十万二千里，

半径除周去极一十万三千里。

臣鸾曰："求周南三十万二千里法：列半径四十万五千里，以王城去极十万三千里减之，余即周南至日照处三十万二千里。"

周北至日照处五十万八千里，

半径加周去极一十万三千里。

臣鸾曰："求周去冬至夜半日北极照处五十万八千里法：列半道径四十万五千里，加周夜半去极一十万三千里，得冬至夜半北极照去周五十万八千里。"

东西各三十九万一千六百八十三里半。

求之术：以径八十一万里为弦。倍去周一十万三千里得二十万六千里为句。为之求股，得七十八万三千三百六十七里有奇之，各得东西之数。

臣鸾曰："求东西各三十九万一千六百八十三里半法：列径八十一万里，重张自乘，得六千五百六十一亿为弦实。更置倍周去北极二十万六千里为句，重张自乘，得四百二十四亿三千六百万，以减弦实，余六千一百三十六亿六千四百万，即股实。以开方除之，得股七十八万三千三百六十七里、一百五十六万六千七百三十五分里之一十四万三千三百一十一。半之，即得去周三十九万一千六百八十三里半。分母亦倍之，得三百一十三万三千四百七十分里之一十四万三千三百一十一也"。

周在天中南十万三千里，故东西短中径二万六千六百三十二里有奇。案：短，各本讹作"短法同"，今考此计王城东西短于中径之数，据术改正。

求短中径二万六千六百三十二里有奇法：列八十一万里，以周东西七十八万三千三百六十七里有奇减之，余即短中径之数。

臣鸾曰："求短中径二万六千六百三十二里有奇法：列八十一万里，以周东西七十八万三千三百六十七里有奇减之，余二万六千六百三十三里。取一里破为一百五十六万六千七百三十五分。减一十四万三千三百一十一，余一百四十二万三千四百二十四。即径东西短二万六千六百三十二里、一百五十六万六千七百三十五分之一百四十二万三千四百二十五。

周北五十万八千里。冬至日十三万五千里。冬至日道径四十七万六千里，周百四十二万八千里，日光四极，当周东西各三十九万一千六百八十三里有奇。此方圆之法。

此言求圆于方之法。

万物周事而圆方用焉，大匠造制而规矩设焉，或毁方而为圆，或破圆而为方。方中为圆者谓之圆，圆中为方者谓之方圆也。"

卷上之三

《七衡图》。青图画者，天地合际，人目所远者也。天至高，地至，非合也，人目极观而天地合也。日入青图画内谓之日出，出青图画外谓之日入。青图画之内外，皆天也。北辰正居天之中央。人所谓东、西、南、北者，非有常处，各以日出之处为东，日中为南，日入为西，日没为北。辰之下，六月见日，六月不见日。从春分至秋分，六月常见日；从秋分至春分，六月常不见日。见日为画，不见日为夜。所为一岁者，即北辰之下一昼一夜。黄图画者，黄道也，二十八宿列焉，日月星辰躔焉。使青图在上不动，贯其极而转之，即交焉。我之所在，北辰之南，非天地之中也。我之卯酉，非天地之卯酉。内第一，夏至日道也。出第四，春秋分日道也。外第七，冬至日道也。皆随黄道也，冬至在牵牛，春分在娄，夏至在东井，秋分在角。冬至从南而北，夏至从北而南，终而复始也。

凡为此图，以丈为尺，以尺为寸，以寸为分。分，千里。凡用绘方八尺以寸。今用绘方四尺五分。分为二千里。

方为四极之图，尽七衡之意。

《吕氏春》："凡四海之内，东西二万八千里，南北二万六千里。"

吕氏秦相吕不韦作《吕氏春秋》。此之义在《有始》第一篇，非《周髀》本文。《尔雅》云："九夷八狄七戎六蛮谓之四海。"言东西南北之数也，将以明车辙马迹之所至。《河图括地象》云："而有君长之州九，阻中国之文德及而不治。"又云："八极之广，东西二亿之万三千五百里，南北二亿三万三千五百里。"《淮南子·坠形训》云："禹使大章步自东极至于西极，南极步自北极至于南极，而数皆然。"或其广阔将焉可步矣，亦后学之徒未之或知也。夫言亿者，十万曰"亿"也。

凡为日月运行之圆周。七衡周六六间，以当六月。

春秋分、冬夏至，璇玑之运也。

节六月为百八十二日八分日之五。

节六月者，从冬至至夏至日，一百八十二日、八分日之五为半岁。六月节者，谓中气也。不尽其日也。此日周天通四分之一，案：之一，各本讹作"一之"，今改正。倍法四以除之，即得也。

臣鸾曰："求七衡周而六间以当六月节，六月为一百八十二日、八分日之五，此为半岁也。列周天三百六十五日、四分日之一，通分，内子，得一千四百六十一为实。倍分母四为八，除实得半岁一百八十二日、八分日之五也。"

故日在夏至东井极南衡，日冬至在牵牛极外衡也。

东井、牵牛为长短之限，内外之极也。

衡复更，终冬至。

冬至日从外衡还黄道，一周年复于故衡，终于冬至。

故曰：一岁三百六十五日、四分日之一，一岁一内极，一外极。

从冬至一内极及一外极，度终于星，月穷于次，是为一岁。

三十日、十六分日之七，月一外极，一内极。

欲分一岁为一十二月，一衡间当一月。此举中相去之日数。以此言之，月行二十九日、九百四十分日之四百九十九，则过周天一日而与日合宿。论其入内、外之极，大归粗通，未必得也。案：各本"大"讹作"六"，"必"讹作"心"，今改正。日光言内极，月光言外极。日阳从冬至起，月阴从夏至起，往来之始。《易》曰："日往则月来，月往则日来"，此之谓也。此数真一百八十二日、八分日之五，通分，内子五，以六间乘分母以除之，得三十，以三约法得一十六，约余得七。

臣鸾曰："求三十日、十六分日之七法：列半岁一百八十二日、八分日之五，通分，内子，得一千四百六十一为实。以六间乘分母八得四十八，除实得三十日，不尽二十一。更置法、实，求等数，平于三。即以约法得一十六，约余得七。即是从中气相去三十日、十六分日之七也。"

是故，一衡之间，万九千八百三十三里三分里之一，即为百步。

此数，夏至冬至相去一十一万九千里，以六间除之，得矣。法与余分皆半之。

臣鸾曰："求一衡之间一万九千八百三十三里、三分里之一法：置冬至夏至相去一十一万九千里，以六间除之，即得。法余余分半之，得也。"

欲知次衡径，倍而增内衡之径。

倍一衡间数，以增内衡，即次二衡径。

二之，以增内衡径。

二乘所倍一衡之间数，以增内衡径，即得三衡径。

次衡放此。

次至皆如数。

内一衡径二十三万八千里，周七十一万四千里，分为三百六十五度四分度之一，度得千九百五十四里二百四十七步、千四百六十一分步之九百三十三。

通周天四分之一为法。又以四乘衡周为实。实如法得一百步。不满法者，十之。如法得一十步。不满法者，十之。如法得一步。不满者以法命之。至七衡皆如此。

臣鸾曰："求内衡度法：置夏至径二十三万八千里，以三乘之，得内外衡周七十一万四千里。以周天分母四乘内衡周，得二百八十五万六千里为实。以周天分一千四百六十一为法，除之，得一千九百五十四里，不尽一千二百六。即因而三之，为三千六百一十八，以法除之，得二百步，不尽六百九十六步。上十之，如法而一。案：各本脱'一'字，今补。得四十步，不尽一千一百一十六。复上十之，如法而一，得七步，不尽九百三十三。即是一千九百五十四里二百四十七步、一千四百六十一分步之九百三十三。"

次二衡径二十七万七千六百六十六里二百步，周八十三万三千里，分里为度，度得二千二百八十里百八十八步、千四百六十一分步之千三百三十二。

通周天四分之一为法。四乘衡周为实。实如法得里数。不满者求步数，不尽者命分。

臣鸾曰："求第二衡法：列一衡间一万九千八百三十三里少半里，倍之得三万九千六百六十六里太半里。增内衡径二十三万八千里，得第二衡径二十七万七千六百六十六里二百步，是三分里之二。又以三乘之，步满三百成一里，得二衡周八十三万三千里。以周天分母四乘周得三百三十三万二千为实。更置周天三百六十五度四分度之一，通分，内子，得一千四百六十一为法。除之，得二千二百八十里，不尽九百二十。以三百乘之，得二十七万六千。复以前法除之，得一百八十八步，不尽一千三百三十二。即是度得二千二百八十里一百八十八步、一千四百六十一分步之一千三百三十二。"

次三衡径三十一万七千三百三十里一百步，周九十五万二千里，分为度，度得二千二百六里百三十步、千四百六十一分步之二百七十。

通周天四分之一为法。四乘衡周为实。实如法得里数。不满法者求步数，不尽者命分。

臣鸾曰："求第三衡法：列倍一衡间得三万九千六百六十六，一三分里之二，复增第二衡径二十七万七千六百六十六里之二，复即三分里之二，得第三衡径三十一万七千三百三十三里一百步。以三乘径步，步满三百成里，得周九十五万二千里。又以分母四乘周，得三百八十万八千为实。以周天分一千四百六十一为法，以除实，得二千六百六里，不尽六百三十四。以三百乘之，法以除之，得一百三十步，不尽二百七十。即是度得二千六百六里一百三十步、一千四百六十一分步之二百七十。"

次四衡径三十五万七千里，周百七万一千里，分为度，度得二千九百三十二里七十一步、千四百六十一分步之六百九十九。案：六十一分，各本讹作"一十分"，今改正。

通周天四分之一为法。四乘衡周为实。实如法得里数。不满法者求步数，不尽者命分。

臣鸾曰："求第四衡法：列倍一衡间三万九千六百六十六里、三分里之二，增第三衡径三十万万七千三百三十三里一百步，步满三百成里，得径三十五万七千里。以三乘之，得周一百七万一千里。以分母乘之，得四百二十八万四千里为实。以周天分一千四四六十一除之，得二千九百百三十二里，不三百四十八。以三百乘之，以法除之，得七十一步，不尽六百六十九。即是度得二千九百三十二里七十一步、一千四百六十一分步之六百六十九。"

次五衡径三十九万六千六百六十六里二百步，周百一十九万里，分为度，度得三千二百五十八里十二步、千四百六十一分步之千六十八。

通周天四分之一为法。四乘衡周为实。实如法得里数。不满法者求步数，不尽者命分。

臣鸾曰："求第五衡法：列倍第一衡间三万九千六百六十六里、三分里之二，增第四衡径三十五万七千里，满三百成里，得第五衡径三十九万六千六百六十六里二百步。以三分乘径，得周一百一十九万里。又以分母四乘周，得四百七十六万为实。以周天分一千四百六十一为法，除之，得三千二百五十八里，不尽六十二。以三百乘之，以法除之，得一百十步，不尽一千六十八。即是度得三千二百五十八里一十二步、一千四百六十一分步之一千六十八。"

次六衡径四十三万六千三百三十三里百步，周百三十万九千里，分为度，度得三千五百八十三里二百五十四步、千四百六十一分步之六。

通周天四分之一为法。四乘衡周为实。实如法得一里。不满法者求步，不尽者命分。

臣鸾曰："求第六衡法：列倍第一衡间三万九千六百六十六里、三分里之二，增第五衡径三十九万六千六百六十六里二百步，步满三百成里，得径四十三万六千三百三十三里一百步。案：近刻脱"二百步，步满三百成里，得径四十三万六千三百三十三里"，共二十三字。又三乘径，得周一百三十万九千里。又以分母四乘周，得五百二十三万六千为实。以周天分一千四百六十一为法。除之，得三千五百八十三里，不尽一千二百三十七。以三百乘之，以法除之，得二百五十四步，不尽六。即是度得三千五百八十三里二百五十四步、一千四百六十一分步之六。"

次七衡径四十七万六千里，周百四十二万八千里，分为度，度得三千九百九里案：各本脱"度"字，今补。百九十五步、千四百六十一分步之四百五。

通周天四分之一为法。四乘衡周为实。实如法得里数。不满法者求步数，不尽者命分。

臣鸾曰："求第七衡法：列倍第一衡间三万九千六百六十六里、三分里之二，增第六衡径四十三万六千三百三十三里一百步，得第七衡径四十七万六千里。案：千，各本讹作"十"，今改正。以三乘之，得周一百四十二万八千里。以分母四乘之，得五百七十一万二千为实。以周天分一千四百六十一为法，除之，得三千九百九里，不尽九百五十一。又以三百乘之，所得，以法一千四百六十一除之，得一百九十五步，不尽四百五。即是度得三千九百九里一百九十五步、一千四百六十一分步之四百五。"

其次曰：冬至所北照，过北衡十六万七千里，

冬至十一月，日在牵牛，径在北方。因其在北，故言照过北衡。

为径八十一万里，

倍所照，增七衡径。

周二百四十三万里，

三乘倍，增七衡周。

分为三百六十五度四分度之一，度得六千六百五十二里二百九十三步、千四百六十一分步之三百二十七。过此而往者，未之或知。

过八十一万里之外。

或知，或疑其可知，或疑其难知。此言上圣不学而知之。

上圣者智无不至，明无不见。《考灵曜》曰："微式出冥，唯审其形"，此之谓也。

故冬至日晷丈三尺五寸，夏至日晷尺六寸。冬至日晷长，夏至日晷短。日晷损益寸，差千里。故冬至、夏至之日，南北游十一万九千里。四极径八十一万里，周二百四十三万里，分为度，度得六千六百五十二里二百九十三步、千四百六十一分步之三百二十七。此度之相去也。

臣鸾曰："求冬至日所北照十六万七千里，并南北日光得三十三万四千里，增冬至日道径四十七万六千里，得八十一万里。三之，得周二百四十三万。以周天分母四乘之，得九百七十二万里为实。以周天分一千四百六十一为法，除之，得六千六百五十二里，不尽一千四百二十八。

以三百乘之，得四十二万八千四百。案：二万，各本讹作"三万"，今改正。复以法除之，得二百九十三步，不尽三百二十七。即是度得六千六百五十二里二百九十三步、一千四百六十一分步之三百二十七。"

其南北游日六百五十一里一百八十二步、一千四百六十一分步之七百九十八。

术曰：置十一万九千里为实，以半岁一百八十二日八分日之五为法，

半岁者，从外衡去内衡以为法。除相去之数得一日所行也。

而通之，

通之者，数不合齐，以法等案：此三字有讹脱，《永乐大典》本作"常以法等"，亦误。据法，用分母乘全数纳分子，则实亦应以分母通之。宜云："数不合齐，欲今实与法等"。得相通入，以八乘也。

得九十五万二千为实。

通一十一万九千里。

所得一千四百六十一为法，除之。

通百八十二日、八分日之五也。

实如法得一里，不满法者，三之。如法得百步，

一里三百步。当以三百乘，而言之三之者，不欲转法，便以一位为百实。故从一位，命为百。

不满法者十之。如法得十步，

上既用三百乘，故此十之，便以一位为十实。案：各刻脱"一"字，今补。故从一位，命为十。

不满法者十之，如法得一步。

复十之者，但以一位为实。故从一位，命为一。

不满法者，以法命之。

位尽于一步，故以法命其余分为残步。

臣鸾曰："求南北游法：置冬至一十一万九千里，以半岁日分母八乘之，得九十五万二千为实。通半岁百八十二日、八分日之五，得一千四百六十一。以除，得六百五十一里，不尽八百八十九，以三百乘之，得二十六万六千七百。复以法除之，得一百八十二步，不尽七百九十八。即得日南北游日六百五十一里一百八十二步、一千四百六十一分步之七百九十八。"

卷下之一

凡日月运行四极之道。

运，周也。极，至也。谓外衡也。日月周行四方，至外衡而还，故曰四极也。

极下者，其地高人所居六万里，滂沱四穨隤而下。

游北极从外衡至极下乃高六万里。而言人所居所，复尽外衡，滂沱四隤而下，如覆槃也。

天之中央亦高四旁六万里。

四旁，犹四极也。随地穹隆而高，如盖笠。

故日光外所照径八十一万里，周二百四十三万里。

日至外衡而还，出其光一十六万七千里，故云照。

故日运行处极北，北方日中，南方夜半。日在极东，东方日中，西方夜半。日在极南，南方日中，北方夜半。日在极西，西方日中，东方夜半。凡此四方者，天地四极四和。

四和者，谓之极。子、午、卯、酉得东、西、南、北之中，天地之所合，四时之所交，风雨之所会，阴阳之所和。然则百物阜安，草木蕃庶，故曰四和。

昼夜易处，

南方谓昼，北方谓夜。

加四时相及。

南方日中，北方夜半。

然其阴阳所终，冬夏所极，皆若一也。

阴阳之数齐，冬夏之节同，寒暑之气均，长短之晷等。周回无差，运变不二。

天象象笠，地法覆槃。

见乃谓之象，形乃谓之法。在上故准盖，在下故拟槃。象法义同，盖槃形等。互文异器，以别尊卑；仰象俯法，名号殊矣。

天离地八万里，

言其隆高相从，其相去八万里。

冬至之日虽在外衡，常出极下地上二万里。

天地隆高，高于外衡六万里。冬至之日虽在外衡，其相望为平地直常出于北极下地上二万里。言日月不相障蔽，故能扬光于昼，纳于夜。

故曰兆明，

日者阳之精，譬犹火光。月者阴之精，譬犹水光。月含景，故月光生于日之所照，魄生于日之所蔽。当日则光盈，就日则明尽。月禀日光而成形兆，故云日兆月也。

月光乃出，故成明月。

待日然后能舒其光，以成其明。

星辰乃得行列。《灵宪》曰："众星被曜，因水火转光。"故能成其形列。

是故秋分以往到冬至，三之精微，以成其道远。

日从中衡往至外衡，其径日远。以相远，故光微。不言从冬至到春分者，俱在中衡之外。其同可知。

此天地阴阳之性，自然也。

自然如此，故曰性也。

欲知北极枢，旋周四极。

极中不动，旋璇玑也。言北极璇玑周旋四至。极，至也。

常以夏至夜半时北极南游所极，

游在枢南之所至。

冬至夜半时北游所极，

游在枢北之所至。

冬至日加酉之时西游所极，

游在枢西之所至。

日加卯之时东游所极，

游在枢东之所至。

此北极璇玑四游。

北极游常近冬至，而言夏至夜半者，极见，案：此二句有脱误，当云而言夏至者，夏至夜半极见。冬至夜半极不见也。

正北极璇玑之中，正北天之中。

极处璇玑之中，天心之正，故曰璇玑也。

正极之所游，冬至日加酉之时，立八尺表，以绳系表颠，希望北极中大星，引绳致地而识之。

颠，首；希，仰；致，至也。识之者，所望大星、表首，及绳至地，参相直而识之也。

又到旦，明日加卯之时，复引绳希望之，首及绳致地而识其端，相去二尺三寸。

日加卯、酉之时，望至地之相去子也。

故东西极二万三千里，

影寸千里，故为东西所致之里数也。

其两端相去正东西。

以绳至地所识两端相直，案：识各本讹作谓，今改正。为东、西之正也。

中折之以指表，正南北。

所识两端之中与表，为南北之正。

加此时者，皆以漏揆度之。此东、西、南、北之时。

冬至日加卯、酉者，北极之正东、西，日不见矣。以漏度之者，一日一夜百刻。从夜半至日中，案：夜半各本讹作半夜，今改正。从日中至夜半，无冬夏常各五十刻。中分之，得二十五刻，加极卯酉之时。揆，亦度也。

其绳致地所识，去表丈三寸，故天之中去周十万三千里。

北极东西之时，与天中齐，故以所望表句为天中去周之里数。

何以知其南北极之时？以冬至夜半北游所极也。北过天中万一千五百里，以夏至南游所极不及天中万一千五百里。此皆以绳系表颠而希望之，北极至地所识丈一尺四寸半，故去周十一万四千五百里，案：十一万各本讹作十二万，今改正。过天中万一千五百里；其南极至地所识九尺一寸半，故去周九万一千五百里，其南不及天中万一千五百里。此璇玑四极南北过不及之法，东、西、南、北之正句。

以表为股，以影为句。绳至地所，亦如短中径二万六千六百三十二里有奇，法列八十一万里以周，东西七十八万三千三百六十七里有奇，减之余二万六千六百三十三里，取一里破为一百五十六万六千七百三十五分，减一十四万三千三百一十一万一百四十二万三千四百二十四，即径东西二万六千六百三十二里一百五十六万六千七百三十五分里之一百四十二万三千四百二十四。

周去极十万三千里，日去人十六万七千里，夏至去周万六千里，夏至日道径二十三万八千里，周七十一万四千里，春秋分日道径三十五万七千里，周百七万一千里，冬至日道径四十七万六千里，周百四十二万八千里，日光四极八十一万里，周二百四十三万里，从周南三十万二千里。

影言正句者，四方之影皆正而定也。

璇玑径二万三千里，周六万九千里。此阳绝阴彰，故不生万物。

春秋分谓之阴阳之中，而日光所照适至璇玑之径，为阳绝阴影，故万物不复生也。

其术曰，立正句定之。

正四方之法也。

以日始出，立表而识其晷。日入，复识其晷。晷之两端相直者，正东西也。中折之指表者，正南北也。极下不生万物。何以知之？

以何法知之也。

冬至之日去夏至十一万九千里，万物尽死；夏至之日去北极十一万九千里，是以知极下不生万物。北极左右，夏有不释之冰。

冰冻不解，是以推之。夏至之日外衡之下为冬矣，万物当死。此日远近为冬夏，非阴阳之气。爽或疑焉。

春分、秋分，日在中衡。春分以往日益北，五万九千五百里而夏至。秋分以往日益南，五万九千五百里而冬至。

并冬至、夏至相去一十一万九千里，以往日益北近中衡，以往日益南远中衡。

中衡去周七万五千五百里。

影七尺五寸五分。

中衡左右冬有不死之草，夏长之类。

此欲以内衡之外，外衡之内，常为夏也。然其修广，爽未之前闻。

此阳彰阴微，故万物不死，五谷一岁再熟。

近日阳多，农再熟。

凡北极之左右，物有朝生暮获，

获疑作穫。谓葶苈荠麦，冬生之类。北极之下，从春分至秋分为昼，从秋分至春分为夜。物有朝生暮获者，亦有春苃而秋熟。然其所育，皆是周地冬生之类，荠麦之属。言左右者，不在璇玑二万三千里之内也。此阳微阴彰，故无夏长之类。

立二十八宿，以周天历度之法。

以，用也。列二十八宿之度用周天。

术曰：倍正南方，

倍犹背也。正南方者，二极之正南北也。

以正句定之。

正句之法，日出入识其晷。晷两端相直者，正东西。中折之以指表，正南北。

即平地径二十一步，周六十三步。令其平矩以水正，如定水之平，故曰平矩以水正也。

则位径百二十一尺七寸五分。因而三之，为三百六十五尺、四分尺之一，

径一百二十一尺七寸五分，周三百六十五尺二寸五分，二寸五分者，四分之一。而或言一百二十尺，举其全数。

以应周天三百六十五度、四分度之一。审定分之，无令有纤微。

所分平地，周一尺为一度。二寸五分为四分度之一。其令审定，不欲使有细小之差也。纤微，细分也。

臣鸾曰："求一百二十一尺七寸五分，因而三之，为三百六十五度四分度之一法，列径一百二十一尺七寸五分，以三乘，得三百六十五尺二寸五分。二寸五分者，即四分之一。此即周天三百六十五度、四分度之一。"

分度以定，则正督经纬。而四分之一合各九十一度、十六分度之五。

南北为经，东西为纬。督亦通。周天四分之一，又以四乘分母为法度之。

案：为各本讹作以，今改正。

臣鸾曰："求分度以定四分之一，合各九十一度、一十六分度之五法：列周天三百六十五度，以四分度之一而通分，内子得一千四百六十一为实。更以四乘分母，得一十六分法。除之，得九十一，不尽五。即是各九十一度、一十六分度之五也。"

于是圆定而正。

分所圆为天度，又四分之，皆定而正。

则立表正南北之中央，以绳系颠，希望牵牛中央星之中。

引绳至经纬之交，以望之，星与表绳参相直也。

则复候须女之星先至者。 案：候各本讹作望，今据注文改正。

如复以表绳，希望须女先至，定中。

须女之先至者，又复如上引绳至经纬之交，以望之。

即以一游仪希望牵牛中央星，出中正表西几何度。

游仪，亦表也。游仪移望星为正。知星出中正之表西几何度，故曰游仪。

各如游仪所至之尺，为度数。

所游分圆周一尺应天一度。故以游仪所至尺数为度。

游在于八尺之上，故知牵牛一度。

须女中而望牵牛，游在八尺之上，故牵牛为八度。

其次星放此，以尽二十八宿度，则定矣。 案：定各本讹作之，今据注文改正。

皆如此上法定。

立周度者，

周天之度。

各以其所先至游仪度上。

二十八宿不以一星为体，皆以先至之星为正之度。

车辐引绳，就中央之正以为毂，则正矣。

以经纬之交为毂，以圆度为辐。知一宿得几何度，则引绳如辐，凑毂为正。望星定度皆以南方为正，知二十八宿为几何度，然后还分而布之也。

日所以入，亦以周定之。

亦同望星之周。

欲知日之出入，

出入二十八宿，东、西、南、北面之宿，列置各应其方。立表望之，知日出入何宿从出入，径几何度。

即以三百六十五度、四分度之一而各置二十八宿。

以二十八宿列置地所圆周之度，使四面之宿各应其方。

以东井夜半中，牵牛之初临子之中。

东井、牵牛，相对之宿也。东井临午，则牵牛临于子也。

东井出中正表西三十度、十六分度之七，而临未之中，牵牛初亦当临丑之中，

分周天之度为一十二位，而一十二辰各当其一。所应一十二月，从午至未三十度、一十六分度之七；未与丑相对。而东井、牵牛之所居分之法，已陈于上矣。

臣鸾曰："求东井出中正表西三十度、一十六分度之七法：先通周天得一千四百六十一为实。以位法一十二乘周天分母四，得四十八为法。除实得三十度，不尽二十一。更副置法实等数，平于三。约不尽二十一得七，约法四十八得一十六。即部三十度、一十六分度之七。"

于是天与地协，

协，合也。置东井、牵牛使居丑、未相对，则天之列宿与地所为圆周相应合，得之矣。

乃以置周二十八宿。

从东井、牵牛所居以置一十二位焉。

置以定，乃复置周度之中央立正表。

置周度之中央者，经纬之交也。

以冬至、夏至之日，以望日始出也，立一游仪于度上，以望中央表之晷。

从日所出度上，立一游仪，皆望中表之晷。所以然者，当曜不复当日，得以视之也。

晷参正，则日所出之度。

游仪与中央表及晷参相直。游仪之下即所出合宿度。

日入放此。

此日出法求之。

卷下之二

牵牛去北极百一十五度千六百九十五里二十一步、千四百六十一分步之八百一十九。

牵牛，冬至日所在之宿于外衡者，与相去，去之度数。

术曰：置外衡去北极枢二十三万八千里，除璇玑万一千五百里。

北极常近牵牛为枢，过极一万一千五百里。此求去极，故以除之。

其不除者二十二万六千五百里以为实，

以三百乘，里为步。以周天分一千四百六十一乘步为分。内衡之度以周天分为法。法有分，故以周天乘实，齐同之，得九百九十二亿七千四百九十五万。

内衡一度数千九百五十四里二百四十七步、千四百六十一分步之九百三十三以为法，

如上，乘内步，通分内子得八亿五千六百八十万。

实如法得一度。

以八亿五千六百八十万为一度法。

不满法者，求里步。

上求度，故以此。

约之合三百得一以为实。

上以三百乘里为步而求里，故以三百约余分为里之实。

以千四百六十一分为法，得一里。

里、步皆以周天之分为母。求度当齐同法实等。故乘以散之。

不满法者三之，如法得百。

上以三百约之为重之实，此当以三百乘之，案：各本脱百字，今补。为步之实。

而言三之者，案：各本脱三字，今补。不欲转法，便以一位为百实，故从一位命为百也。

不满法者又上十之，如法得一步。

又复上十之者，案：各本脱十字，今补。便以一位为一实，故从一位命为一。案：此句各本讹作故从一实为一，今据上注改正。

不满法者，以法命之。

位尽于一步，故以其法命余为残分。

次放此。

次娄与角及东井皆如此也。

臣鸾曰："去牵牛星去极洗，先列衡去极枢二十三万八千里，减极去枢心一万一千五百里，余二十二万六千五百里。以三百乘里，得六千七百九十五万步。又以周天分一千四百六十一乘之，得九百九十二亿七万四千九十五万步，为实。更副置内衡一度数一千九百五十四里二百四十七步、一千四百六十一分步之九百三十三，亦以三百乘一千九百五十四里为步。内二百四十七步，得五十八万六千四百四十七步。又以周天分母一千四百六十一乘步，内子九百三十三，得八亿五千六百八十万为法。以除实得一百一十五度，不尽七亿四千二百九十五万。去下法不周。更以三百约余分七亿四千二百九十五万，得二百四十七万六千五百为实。更以周天分一千四百六十一除之，得一千六百九十五里，不尽一五五。以三百乘之，得三万一千五百。复以前法除之，得二十一步，不尽八百一十九。即牵牛去北极一百一十五度，案：一十五度各本讹作一十五度，全改正。一千六百九十五里二十一步、一千四百六十一分步之八百一十九。"

娄与角去北极九十一度六百一十里二百六十四步、千四百六十一分步之千二百九十六。

娄，春分日所在之宿也。角，秋分日所在之宿也。为中衡也。

术曰：置中衡去北极枢十七万八千五百里，以为实。

不言加除者，娄与角准北极在枢两旁，正与枢齐。以娄角无差，故便以去枢之数为实。如上，乘里为步，步为分。

以内衡一度数为法。实如法得一度。不满法者，求里、步。不满法者，以法命之。

臣鸾曰："求娄与角去极法，列中衡去极枢一十七万八千五百里，以三百乘之，得五千三百五十五万步。又以周天分一千四百六十一分乘之，得七百八十二亿三千六百五十五万，为实。以内衡一度数一千九百五十四里二百四十七步、一千四百六十一分步之九百三十三，亦以三百乘里，内步二百四十七，得五十八万六千四百四十七步。又以分母一千四百六十一分乘之，内子，得八亿五千六百八十万，为法。以除实，得九十一度，不尽二亿六千七百七十五万。以三百约之，得八十九万二千五百。下法不用。以周天分一千四百六十一除之，得六百一十里，不尽一千二百九十。以三百乘之，得三十八万七千。如前法除，得二百六十四步，不尽一千二百九十六。即是娄与角去极九十一度六百一十里二百六十四步、一千四百六十一分步之一千二百九十六。”

东井去北极六十六度，千四百八十一里百五十五步、千四百六十一分步之千二百四十五。

东井，夏至日所在之宿，为内衡。

术曰：置内衡去北极枢十一万九千里，加璇玑万一千五百里，

北极游常近东井为枢，不及极一万一千五百里。此求去极，故加之。

得十三万五百里，以为实。

如上，乘里为步，步为分，得五百七十一亿九千八百一十五万分。

以内衡一度数为法。实如法得一度。不满法者求里、步。不满法者，案：各本脱法字，今补。**以法命之。**

臣鸾曰：“求东井去极法：列内衡去极枢一十一万九千里，加璇玑一万一千五百里，得一十三万五百里。以三百乘里为步，复以分母一千四百六十一乘之，得五百七十一亿九千八百一十五万，为实。通分内衡一度数为步，步为分，得八亿五千六百八十万，为法。以除实，得六十六度，不尽六亿四千九百三十五万。以三百约之，得二百一十六万四千五百。下法不用。更以周天一千四百六十一为法除之，得一千四百八十一里，不尽七百五十九。以三百乘之，得二十二万七千七百。复以周天分除之，得一百五十五步，不尽一千二百四十五。即为东井去北极六十六度千四百八十一里一百五十五步、一千四百六十一分步之一千二百四十五。”

凡八节二十四气，气损益九寸九分、六分分之一。冬至晷长一丈三尺五寸，夏至晷长一尺六寸。问次节损益寸数长短各几何？

冬至晷长丈三尺五寸。

小寒丈二尺五寸，小分五。

大寒丈一尺五寸一分，小分四。

立春丈五寸二分，小分三。

雨水九尺五寸三分，小分二。

惊蛰八尺五寸四分，<small>小分一。</small>

春分七尺五寸五分。

清明六尺五寸八分，<small>小分五。</small>

谷雨五尺五寸六分，<small>小分四。</small>

立夏四尺五寸八分，<small>小分三。</small>

小满三尺五寸八分，<small>小分二。</small>

芒种二尺五寸九分，<small>小分一。</small>

夏至尺六寸。

小暑二尺五寸九分，<small>小分一。</small>

大暑三尺五寸八分，<small>小分二。</small>

立秋四尺五寸七分，<small>小分三。</small>

处暑五尺五寸六分，<small>小分四。</small>

白露六尺五寸五分，<small>小分五。</small>

秋分七尺五寸五分。

寒露八尺五寸四分，<small>小分一。</small>

霜降九尺五寸三分，<small>小分二。</small>

立冬丈五寸二分，<small>小分三。</small>

小雪丈一尺五寸一分，<small>小分四。</small>

大雪丈二尺五寸，<small>小分五。</small>

凡为八节二十四气，

二至者寒暑之极，二分者阴阳之和，四立者生、长、收、藏之始，是为八节。节三气，三而八之，故为二十四。

气损益九寸九分、六分分之一。

损者，减也。破一分为六分，然后减之。益者，加也。以小分满六得一，从分。

冬至、夏至为损益之始。

冬至晷长极，当反短，故为损之始。夏至晷短极，当反长，故为益之始。此爽之新术。

术曰：置冬至晷，以夏至晷减之，余为实。以十二为法。

十二者，半岁一十二气也。为法者，一节益之法。

实如法得一寸。不满法者十之，以法除之，得一分。

求分，故十之也。

不满法者，以法命之。

法与余分皆半之也。旧晷之术于理未当。谓春秋分者阴阳晷等，各七尺五寸五分，故中衡去周七万五千五百里。按春分之影七尺五寸、七百二十三分，秋分之影七尺四寸、二百六十二分，差一寸、四百六十一分。以此推之，是为不等。冬至至小寒多半日之影，夏至至小暑少半日之影，芒种至夏至多二日之影，大雪至冬至多三日之影。又半岁一百八十二日、八分日之五。而此用四分。

十分寸之四百七十六，非也。节候不正十五日有三十二分日之七，案：三十二各本讹作二十二，今改正。以一日之率一十五日为节，至令差错，不通尤甚。《易》曰："旧全井无禽，时舍也。"言法三十日，实当改而舍之。于是爽更为新术，以一气率之，使言约法易，上下相通，周而复始，除其纰缪。

臣鸾曰："求二十四气损益之法，先置冬至影长丈三尺五寸，以夏至影一尺六寸减之，余一丈一尺九寸。上十之为实。以半岁一十二为法除之，得九寸，不尽一十一。复上十之，如法而一，得九分，不尽二。与法一十二皆半之，得六分之一，即是小寒。益法先置冬至影长一丈三尺五寸，以气损益九寸九分、六分分之一其破一分以为六分，减其余，即是小寒。影长一丈二尺五寸小分五。余悉依此法求。益法置夏至影一尺六寸，以就寸九分六分之一增之，小分满六从大分一，即是小暑。二尺五寸九分小分一。次气放此。"

臣淳风等谨按：此术本文，案：各本脱文字，今补。及赵君卿注，求二十四气影，例损益九寸九分、六分分之一以为定率。检勘术注，有所未通。又按《宋书·历志》所载何承天元嘉历影，冬至一丈三尺，小寒一丈二尺四寸八分，大寒一丈一尺三寸四分，立春九尺九寸一分，雨水八尺二寸八分，惊蛰六尺七寸二分，春分五尺三寸九分，清明四尺二寸五分，谷雨三尺二寸五分，立夏二尺五寸，小满一尺九寸七分，芒种一尺六寸九分，案：六寸各本讹作九寸，今据《宋书》改正。夏至一尺五寸，小暑一尺六寸九分，大暑一尺九寸七分，立秋二尺五寸，处暑三尺二寸五分，案：二寸各本讹作三寸，今据《宋书》改正。白露四尺二寸五分，秋分五尺三寸九分，寒露六尺七寸二分，霜降八尺二寸八分，立冬九尺九寸一分，小雪一丈一尺三寸四分，大雪一丈二尺四寸八分。司马彪《续汉志》所载四分历影，亦与此相近。至如祖冲之历，宋大明历影与何承天虽有小差，皆是量天实数。雠校三历，足验君卿所立率虚诞，且《周髀经》本文衡下于天中六万里，而二十四气率乃是平迁。案：是各本讹作足，今改正。所以知者，按望影之法，日近影短，日远影长。又以高下言之，日高影短，日卑影长。夏至之日最近北，又最高，其影尺有五寸。自此以后，日行渐远向南，天体又渐向下，以及冬至。冬至之日最近南，居于外衡，日最近下，故日影一丈三尺。此当每气差降有别，案：气各本讹作戚，今改正。不可均为一概，设其升降之理。今此文，案：文各本讹作又，今改正。自冬至毕芒种，自夏至毕于大雪，均差每气损九寸有奇。是为天体正平，无高卑之异。而日但南北均行，又无升降之殊。即无内衡高于外衡六万里，自相矛盾。又按：《尚书·考灵曜》所陈格上格下里数，及郑注升降远近，虽有成规，亦未臻理实。欲求至当，皆依天体高下远近，修规以定差数。自霜降毕于立春，升降差多，南北差少。自雨水毕于寒露，南北差多，升降差少。依此推步，乃得其实。既事涉浑仪，与盖天相反。

月后天十三度、十九分度之七。

月后天者，月东行也。此见日月与天俱西南游，一日一夜天一周，而月在昨宿之东，故曰后天。又曰，章岁除章月，加日周一日作率。以一日所行为一度，周天之日为天度。

术曰：置章月二百三十五，以章岁十九除之，加日行一度，得十三度、十九分度之七。案：十九分各本讹作十分九，今改正。**此月一日行之数，即后天之度及分。**

臣鸾曰："月后天一十三度一十九分度之七法，列章月二百三十五，以章岁一十九除之，得一十二度。加日行一度，得一十三度。余一十九分度之七。即月后天之度分。"

小岁月不及故舍三百五十四度、万七千八百六十分度之六千六百一十二。

小岁者，一十二月为一岁。一岁之月，一十二月则有余，一十三月复不足。而言大小岁，通闰月焉。不及故舍，亦犹后天也。假令十一月朔旦冬至，日月俱起牵牛之初，而月一十二与日会。此数，月发牵牛所行之度也。

术曰：置小岁三百五十四日、九百四十分日之三百四十八，

小岁者，除经岁一十九分月之七。以七乘周天分一千四百六十一，得一万二千二百二十七。以减经岁之积分，余三十三万三千一百八，则小岁之积分也。以九百四十分除之，即得小岁之积日及分。

以月后天十三度、十九分度之七乘之，为实。

通分内子为二百五十四。乘之者，案：乘之各本讹作之乘，今改正。乘小岁积分也。

又以度分母乘日分母为法。实如法，得积后天四千七百三十七度、万七千八百六十分度之六千六百一十二。案：二各本讹作三，今改正。

以月后天分乘小岁积分，得八千四百六十万九千四百三十二，则积后天分也。以度分母十九乘日分母九百四十，得一万七千八百六十，除之，即得。

以周天三百六十五度、万七千八百六十分度之四千四百六十五除之。

此犹四分之一也。约之即得。当于齐同，故细言之。通分内子为六百五十二万三千三百六十五。除积后天分得一十二周天，即去之。

其不足除者，

不足除者，不及故舍之，六百三十二万九千五十二是也。

三百五十四度、万七千八百六十分度之六千六百一十二。

以一万七千八百六十除不及故舍之分，得此度矣。

此月不及故舍之分度数。他皆放此。

次至经月，皆如此。

臣鸾曰："求小岁月不及故舍法：列经舍岁三百六十五日、九百四十分日之二百三十五，通分内子，得三十四万三千三百三十五，是为经岁之积分。以十十九分月之七，以七乘周天分一千四百六十一，得一万二百二十七，以岁经岁积分，不尽三十三万三千一百八，小岁积分也。以九百四十除之，得三百五十四日，不尽三百四十八。还通分内子，复得本积分三十三万三千一百八。更置月后天一十三度一十九分度之七，通分内子，得二百五十四。以乘本积分，得积后天分八千四百六十万九千四百三十二，为实。更列月后天分母一十九，以乘日分母九百四十，得一万七千八百六十为法。除之，得积后天四千七百三十七度，不尽六千六百一十二。即是得四千七百三十七度、一万七千八百六十分度之六千六百一十二。还通分内子，得本分八千四百六十万九千四百三十二为实。更列周天三百六十五度、一万七千八百六十分度之四千四百六十五，即通分内子，得六百五十二万三千三百六十五。以除实，得一十二。下法不用。余分即不及故舍之分，六百三十二万九千五十二。更以日、月分母相乘，得万七千八百六十为法。除不及故舍之分六百三十二万九千五十二，案：除字下各本讹分字，今删正。得三百五十四度，不尽六千六百一十二。即不及故舍三百五十四度、一万七千八百六十分度之六千六百一十二。"

大岁月不及故舍十八度、万七千八百六十分度之万一千六百二十八。

大岁者十三月为一岁也。

术曰：置大岁三百八十三日、九百四十分日之八百四十七，

大岁者，加经岁一十九分月之一十二。以一十二乘周天分一千四百六十一，得一万七千五百三十二。以加经岁积分，得三十六万八百六十七，则大岁之积分也。以九百四十除之，案：九方本讹作七，今改正。即得。

以月后天十三度、十九分度之七乘之，为实。又以度分母乘日分母为法。实如法得积后天五千一百三十二度、万七千八百六十分度之二千六百九十八。

此月后天分乘大岁积分，得九千一百六十六万二百一十八，则积后天分也。

以周天除之。

除积后天分，得一十四周天，即去之。

其不足除者，

不足除者，三十三万三千一百八是也。

此月不及故舍之分度数。

臣鸾曰："求大岁月不及故舍法：列经岁三百六十五日、九百四十分日之二百三十五，通分内子，得经积分三十四万三千三百三十五。更以一十九分月之一十二乘周天分一千四百六十一，得一万七千五百三十二。以经岁积分加大岁积分，得三十六万八百六十七为实。以九百四十除之，得大岁三百八十三日、九百四十分日之八百四十七。还通分内子，本分三十六万八百六十七。更列月后天一十三度、一十九分度之七，通分内子，得二百五十四。以乘本分，得积后天分九千一百六十六万二百一十八为实。以一万七千八百六十为法。除之，得积后天度五千一百三十二，不尽二千六百九十八。即命分。还通内子，得本积后天分九千一百六十六万二百一十八为实。以周天分六百五十二万三千三百六十五为法。除实，得十四周天之数。余以日月分母万七千八百六十除之，得大岁不及故舍一十八度。不尽一万一千六百二十八，即以命分也。"

经岁月不及故舍百三十四度、万七千八百六十分度之万一百五。案：五各本讹作里，今改正。

经，常也。即一十二月一十九分月之七也。

术曰：置经岁三百六十五日、九百四十分日之二百三十五，

经岁者，通一十二月、一十九分月之七为二百三十五。乘周天千四百六十一，得三十四万三千三百三十五，则经岁之积分。又以周天分母四乘二百三十五，得九百四十为法，除之即得。

以月后天十三度十九分度之七乘之，为实。又以度分，母乘日分母为法。

实如法得积后天四千八百八十二度、万七千八百六十分度之万四千五百七十。

以月后天分乘经岁积分，得八千七百二十万七千九十，则积后天之分。

以周天除之。

除积后天分，得一十三周天，即去之。

其不足除者，

不足除者，二百四十万三千三百四十五是也，

此月不及故舍之分度数。

臣鸾曰："求经岁月不及故舍法：列一十二月、一十九分月之七，通分内子，得二百三十五。以乘周天分一千四百六十一，得三十四万三千三百三十五，即经岁分也。以日分母四乘二百三十五，得九百四十为法。以除，得经岁三百六十五日，不尽二百三十五，即命分。还通分内子，即复本岁分三十四万三千三百三十五。更列通月后天度分二百五十内，以乘经岁分，得积后天分八千七百二十万七千九十为实。更列万七千八百六十，除实，得积后天度四千八百八十二，不尽万四千五百七十，即命分。还通分内子，复本积后天分为实。以周天分六百五十二万三千三百六十五除实，得一十三周天，即去之。余分二百四十万，案：二百各本讹作三百，今改正。三千三百四十五，以一万七千八百六十除之，得不及故舍一百三十四度，不尽一万一百五，即以命分也。"

小月不及故舍二十二度、万七千八百六十分度之七千七百三十五。

小月者，二十九日为一月。一月之日案：各本脱日字，今补。二十九日则有余，三十日复不足。而言大小者，通其余分。

术曰：置小月二十九日，

小月者，减经月之积分四百九十九，余二万七千二百六十，则小月之积也。以九百四十除之，即得。

以月后天十三度、十九分度之七乘之，为实。又以度分母乘日分母为法。
实如法得积后天三百八十七度、万七千八百六十分度之万二千二百二十。

以月后天乘小月积分，得六百九十二万四千四十，则积后天之分也。

以周天分除之。

除积后天分，得一周天，即去之。

其不足除者，

不足除者四十万六百七十五。

此月不及故舍之分度数。

臣鸾曰："求小月不及故舍法，置二十九日，以九百四十乘之，得二万七千二百六十，则小月之分也。更列月后天一十三度、一十九分度之七，通分内子，得二百五十四。以乘小月分得六百九十二万四千四十为实。以一万七千八百六十为法。除实，得三百八十七度，不尽一万二千二百二十，以命分。还通分子，得本实。更列周天分六百五十二万三千三百六十五，除本实，得一周天。不尽四十万六百七十五，即不及故舍之分。又以万七千八百六十案：七千各本讹作九千，今改正。除不及故舍之分，得二十二度，不尽七千七百三十五，即以命分。"

大月不及故舍三十五度、万七千八百六十分度之万四千三百三十五。

大月者，三十日为一月也。

术曰：置大月三十日，

大月加经积分四百四十一，得二万八千二百，则大月之积分也，以九百四十除之，即得。

以月后天十三度、十九分度之七乘之，为实。又以度分母乘日分母为法，实如法得积后天四百一度万七千八百六十分度之九百四十。

以月后天分乘大月积分七百一十六万二千八百，则积后天之分也。

以周天除之。

除积后天分，得一周天，即去之。

其不足除者，

不足除者，六十三万九千四百三十五是也。

此月不及故舍之分度数。

臣鸾曰：求大月不及故舍法：置三十日以九百四十乘之，得二万八千二百，以后天分二百五十四乘之，得七百一十六万二千八百，为实以一万七千八百六十为法，以除实得四百一度，不尽九百四十，即以命分。还通分内子，复本实，更以周天六百五十二万三千三百六十五为法，除本实得一周，余不足除积六十三万九千四百三十五分，以一万七千八百六十为法以除，实得大月不及，故三千一百之度不尽万四千三百一十五，即命分也。

经月不及故舍二十九度、万七千八百六十分度之九千四百八十一。

经，常也，常月者，一月，月与日合数。

术曰：置经月二十九日、九百四十分日之四百九十九，

经月者，以一十九乘周天分一千四百六十一，得二万七千七百五十九，则经月之积。以九百四十除之，即得。

以月后天十三度、十九分度之七乘之，为实。又以度分母乘日分母为法。实如法得积后天三百九十四度、万七千八百六十分度之万三千九百四十六。

以月后天分乘经月积分，得七百五万七百八十六，则积后天之分。

以周天除之。

除积后天分，得一周天，即去之。

其不足除者，

不足除者，五十二万七千四百二十一是也。

此月不及故舍之分度数。

臣鸾曰："求经月不及故舍法，以一十九乘周天分一千四百六十一，得二万七千七百五十九，即经月积分。以九百四十除积分，得经月二十九日、九百四十分日之四百九十九。还通分内子，得本经月积分。以后天分乘本积分，得七百五万七百八十六，即后天之积分。更以一万七千八百六十除之，得积后天三百九十四度。不尽一万三千九百四十六，即以命分。还通分内子，得本后天积分，为实。以周天六百五十二万三千三百六十五除之，得一周。余分五十二万七千四百二十一，即不及故舍之分。以一万七千八百六十除之，得经月不及故舍二十九度，不尽九千四百八十一，即以命分。"

卷下之三

冬至昼极短，日出辰而入申。

如上，日之分入何宿法：分十二辰于地所圆之周，舍相去三十度、一十六分度之七。子午居南北，卯酉居东西。日出入时立一游仪以望中央表之晷，游仪之下即日出入。

阳照三，不覆九。

阳，日也。覆犹遍也。照三者，南三辰巳、午、未。

东西相当正南方。

日出入相当不覆正辰正南方。

夏至昼极长，日出寅而入戌。阳照九，不覆三。

不覆三者，北方三辰亥、子、丑。冬至日出入之三辰属昼。昼夜互见。是出入三辰分为昼夜各半明矣。《考灵曜》曰："分周天为三十六顷，案：顷各本讹作头，下同，据《隋书·天文志》梁大同十年改周一百八刻，依《尚书·考灵曜》昼夜三十六顷之数，因而三之可证字当为顷，所谓顷刻是也，今并改正。顷有一十度、九十六分度之十四。长日分于寅，行二十四顷，入于戌，行一十二顷。短日分于辰，行一十二顷入于申，行二十四顷之谓也。

东西相当正北方。

出入相当，不覆三辰为北方。

日出左而入右，南方行。

圣人南面而治天下，故以东为左，西为右。日冬至从南而北，夏至从北而南。

故冬至从坎，阳在子，日出巽而入坤，见日光少，故曰寒。

冬至十一月斗建子，位在北方，故曰从坎，坎亦北也，阳气所始起，故曰在子。巽，东西；坤，西南。坤见少暑，阳照三，不覆九也。

夏至从离，阴在午，日出艮而入乾，见日光多，故曰暑。

夏至五月斗建午，位在南方，故曰离，离亦南也，阴气始生，故曰在午。艮，东北；乾，西北。日见多暑。阳照九，不覆三也。

日月失度而寒暑相奸。

《考灵曜》曰："在璇玑玉衡以齐七政。"璇玑未中而星中是急，急则日过其度，不及其宿。璇玑玉衡中而星未中是舒，舒则日不及其度，夜月过其宿。璇玑中而星中是周，周则风雨时，风雨时则草木蕃庶而百谷熟。故《书》曰："急常寒若，舒常燠若。"急舒不调是失度，寒暑不时即相奸。

往者诎，来者信也，故诎信相感。

从夏至南往，日益短，故曰诎。从冬至北来，日益长，故曰信。言来往相推，诎信相感，更衰代盛，此天之常道。《易》曰：日往则月来，月往则日来，月相推，推而明生焉。寒往则暑来，暑往则寒来，寒暑相推而岁成焉。往者诎也，来者信也，诎信相感而利生焉。此之谓也。

故冬至后后日右行，夏至之后日左行。左者往，右者来。

冬至日出从辰来北，故曰右行。夏至日出从寅往南，故曰左行。

故月与日合为一月，

从合至合则为一月。

日复日为一日，

从旦至旦则为一日也。

日复星为一岁。

冬至日出在牵牛，从牵牛周牵牛，则为一岁也。

外衡冬至，

日在牵牛。

内衡夏至，

日在东井。

六气复返，皆谓中气。

中气，月中也。言日月往来，中气各六。《传》曰："先王之正时，履端于始，举正于中，归余于终"，谓中气也。

阴阳之数，日月之法。

谓阴阳之度数，日月之法。

十九为为一章。

章，条也。言闰余尽，为法章条也。《乾象》曰："辰为岁中，以御朔之月而纳焉。朔为章中，除朔为章月，月差为闰。"

臣鸾曰："岁中除章中为章岁求余法，置中气相去三十日、十六分日之七，通分内子，得四百八十七。又置从朔至朔一月之日二十九、九百四十分日之四百九十九，通之，得二万七千七百五十九。二者法异，当同之者，以中气分母得六乘朔分，得四十四万四千一百四十四，变为中气积分也。以朔分母九百四十乘中气分，得四十五万七千七百八十，为朔日积分。以少减多，求等数平之，得一千九百四十八为法。除中气积得二百二十八，即章中也。更以一千九百四十八除朔积分，得二百三十五，即章月也。章月与章中差七，即一章之闰。更置二百二十八，以岁中一十二除之，得一十九，为章岁也。更置章月二百三十五，以章岁一十九除之，得一十五月、一十九分月之七，即一年之月也。"

四章为一蔀，七十六岁。

为蔀之言，齐同日月之分为一蔀也。一岁之月，十二月、一十九分月之七。通分内子，得二百三十五。一岁之日，三百六十五日、四分日之一。通之，得一千四百六十一。分母不同，则子不齐。当互乘之以齐同之者，以日分母四乘月分，得九百四十，即一蔀之月。以月分母一十九乘日分，得二万七千七百五十九，即一蔀之日。以日、月分母相乘，得七十六，得一蔀之岁。以一岁之月除蔀月，得七十六岁。又以一岁之日除蔀日，亦得七十六岁矣。案：岁字各本讹在矣字下，今改正。月余既终，日分又尽，象残齐合，群数毕满，故谓之蔀。臣鸾曰："求蔀法，列章岁一十九，以四乘之，得一蔀，七十六岁。求一蔀之月法：一十二月、一十九分月之七，通分内子得二百三十五，即月分也。更列一岁三百六十五日、四分日之一，通分内子，得一千四百六十一。以日分母四乘月分，得九百四十，即一蔀之月。以月分母一十九乘日分，得二万七千七百五十九，即一蔀之日。以日分母四乘月分母一十九，得七十六，即一蔀之岁。更以月分母一十九乘蔀月九百四十，得一万七千八百六十为寔。以十二月、一十九分月之七，通分内子，得二百三十五，为法。以除实得七十六，亦以蔀之岁也。更列一蔀之日二万七千七百五十九，以分母四乘之，得一十一万一千三十六为寔。以周天分千四百六十一除之，得一蔀之岁七十六也。"

二十蔀为一遂，遂千五百二十岁。

遂者，竟也。言五行之得一终，竟极日月辰终也。《乾凿度》曰："至德之数，先立金、木、水、火、土五，凡各三百四岁。"五德运行，日月开辟。甲子为蔀首，七十六岁。次得癸卯蔀，十六岁。次壬午蔀，七十六岁。次辛酉蔀，七十六岁。凡三百四岁，木德也，主春生。次庚子蔀，七十六岁。次己卯蔀，七十六岁。次戊午蔀，七十六岁。次丁酉蔀，七十六岁。凡三百四岁，金德也，主秋成。次丙子蔀，七十六岁。次乙卯蔀，七十六岁。次甲午蔀，七十六岁。次癸酉蔀，七十六岁。凡三百四岁，火德也，主夏长。次壬子蔀，七十六岁。次辛卯蔀，七十六岁。次庚午蔀，七十六岁。次己酉蔀，七十六岁。凡三百四岁，水德也，主冬藏。次戊子蔀，七十六岁。次丁卯蔀，七十六岁。次丙午蔀，七十六岁。次乙酉蔀，七十六岁。凡三百四岁，土德也，主致养。其得四正少字午、卯、酉而朝四时焉。凡一千五百二十岁终一纪，复甲子，故谓之遂也，求五德日名之法：置一蔀者七十六岁，得四蔀，因而四之，为三百四岁。以一岁三百六十五日、四分日之一乘之，为一十一万一千三十六。以六十去之，余三十六。命甲子算外，得庚子，金德也。求次德加三十六，去之，命如前，则次德日也。求算部名，置一章岁数，以周天分乘之，得二万七千七百五十九。以六十六之，余三十九。命以甲子算外，得癸卯蔀。求蔀，加三十九，满六十去之，命如前，得次蔀。

臣鸾曰："求遂法：列一蔀七十六岁，以二十乘之，得一千五百二十岁，即以遂之岁。求五德金、木、水、火、土法，列一蔀七十六岁，以周天分千四百六十一乘之，得一十一万一千三十六。即以六十除之，余三十六。命从甲子算外，得庚子。凡三百四岁主秋成，金德也。加三十六得七十二，以六十除之，余一十二。命从甲子算外，得丙子。凡四百四岁火德，主夏长。次放此。求蔀名：列一章一十九岁，以周天分一千四百六十一岁乘之，得二万七千七百五十九。以六十去之，余三十九。命从甲子算外，得癸卯蔀七十六岁。复加三十九，亦六十去之，余一十八。命亦起甲子算外，次得壬午蔀。次放此，至甲子即止之。"

三遂为一首，首四千五百六十岁。

首，始也。言日、月五集终而复始也。《考灵曜》曰："日月首甲子，冬至。日、月、五星俱起牵牛初，日月若合璧，五星如联珠、青龙甲寅摄提格。"并四千五百六十岁积及初，故谓首也。

臣鸾曰："求一首法：列遂一千五百二十岁，三之，得一首四千五百六十岁也。"

七首为一极，极三万一千九百二十岁。生数皆终，万物得始。

极，终也。言日、月、星辰，弦、望、晦、朔，寒暑推移，万物生育，皆复始，故谓之极。

臣鸾曰："求极法：先列一首四千五百六十，以七乘之，得一极三万一千九百二十岁也。"

天以更元，作纪历。

元，始。作，为。七纪法天数更始，复为法述之。

何以知天三百六十五度、四分度之一，而日行一度，案：日各本讹作已，今改正。**而月后天十三度、十九分度之七。二十九日、九百四十分日之四百九十九为一月，十二月、十九分月之七为一岁。**

非《周髀》本文。盖人问师之辞。其欲知度之所分，法术之所生耳。

周天除之。

除积后天分，得一周，即弃之。

其不足除者，如合朔。古者包牺、神农制作为历，度元之始，见三光未如其则。

三光日、月、星则法也。

日月列星未有分度。

列星之初案：列各本讹作则，今改正。列谓二十八宿也。

日主昼，月主夜，昼夜为一日，日月俱起建星。

建六星在斗上也，日月起建星，谓十一月朔旦，冬至日也，为历术者，度者牵牛前五度，则建星其近也。

月度疾，日度迟，

度日月所行之度也。

日月相逐于二十九日三十日间，而日行天二十九度余。

如九百四十分日之四百九十九。

未有定分，

未知余分定几何也。

于是三百六十五日南极影长，明日反短。以岁终日影反长，知之三百六十五日者三，三百六十六日者一。

影四岁而后知差一日。是为四岁共一日，故岁得四分日之一。

故知一岁三百六十五日、四分日之一，岁终也。月积后天十三周，又与百三十四度余，

经岁月后天之周及度求之。余者，未知也。言欲求之也。

无虑后天十三度、十九分度之七，未有定。

无虑者，粗计也。此已得月后天数而言。未有者，求之意。未有见故也。

于是日行天七十六周，月行天千一十六周及合于建星。

月行一月，则行过一周而与日合。七十六岁九百四十周天，所过复九百四十日。七十六周并之，得一千一十六，为一月后天率。分尽度终，复还及初也。

臣鸾曰："求'于是日行天七十六周，月行天千一十六周，<small>案：月各本讹作日，今改正。</small>及合于建星'法：以九百四十周并七十六周，得一千一十六周，则日月气朔合于建星。"

置月行后天之数，以日后天之数除之，得十三度、十九分度之七，则月一日行天之度。

以日度行率除月行率，一日得月度几何。置月行率一千一十六为寔，日行率七十六为法，寔如法而一。法及余分皆四约之，与乾象同归而殊涂，义等而法异也。

复置七十六岁之积月，

置章岁之月二百三十五，以四乘之，得九百四十，则蔀之积月也。

以七十六岁除之，得十二月、十九分月之七，则一岁之月。

亦以四约法除分。蔀岁除月与章岁除章月同也。

置周天度数，以十二月、十九分月之七除之，得二十九日、九百四十分日之四百九十九，则一月日之数。

通周天分，分日之一为千四百六十一。通十二月、十九分月之七为二百三十五。分母不同则子不齐，当互乘以同齐之，以十九乘千四百六十一，为二万七千七百五十九。以四乘二百三十五，为九百四十，及以除之，则月与日合之数。

臣鸾曰："求日行一度法：还置前一千一十六，以七十六岁除之，得十三度，不尽二十八。以求等，平于四。以四约余得七十分，得一十九。是一十三度、一十九分度之七。更列一章岁积月二百三十五，以周天分母四乘之，即一蔀月九百四十。亦以七十六岁除之，得一岁之一十二月、一十九分月之七。余分及法，并以四约。更通周天，得千四百六十一。复通一十二月、一十九分月之七，得二百三十五。分母不同，互乘之。以月分母一十九乘日分，得二万七千七百五十九。以日分母四乘月分，得九百四十，除寔二万七千七百五十九，得二十九日、九百四十分日之四百九十九，而月与日合。此其数也。"

《周髀算经音义》

唐　李籍　撰

周髀序

周髀：步米切。《周髀算经》者，以九数句股重差，算日月周天行度远近之数，皆得于股表，即推步盖天之法也。髀者，股也。以表为股，周天历度，本包牺氏立法，其传自周公，受之于大夫商高，周人志之，故曰《周髀》。

赵君卿撰，雏免切，述也，君卿赵爽，字也，不详何代人。

恢：苦回切，大也。

廓落：上枯郭切，下历各切。

晷仪：居洧切，日影也。

度量：上达各切，下录章切。

探赜：上吐南切，下士草切，赜者含蓄，含蓄者，探之可及，故，《易》曰：探赜。

索隐：上色白切，下于谨切，隐者隐匿，隐匿者索之可得，故曰索隐。

诡异：古委切，庄子曰：恢诡谲异。

浑天：胡昆切。浑天者，言天地之体状如鸟卵，天包地外，犹壳之裹黄也，周旋无端，其形浑浑然，故曰"浑天"。史官候台所用铜仪则其法也，立八尺圆体，具天地之形，以正黄道，占察发敛，以行日月，以步五纬，精微深妙，百代不易之道也。官有其器，而无其书。

盖天：居大切。益之之说，即周髀是也。其言天似盖笠，地似覆盘，天地各中高外下。北极之下为天地之中，其地最高，而滂沱四溃，三光隐映，以为昼夜。天中高于外衡，冬至日之所在六万里；北极下地高于外衡，下地亦六万里；外衡高于北极下地二万里；天地隆高相从，日去地常八万里。日丽天而平转，分夏冬之间，日前行道为七衡六间，每衡周径里数各依算术，用句股重差推晷影极游，以为远近之数，皆得于表股者也，故曰"周髀"。又周髀家云：天圆如张盖，地方如棋局，天旁转如推磨，而左行日月，右行随天，左转故日月实，东行而天牵之以西没，譬之于蚁行磨石之上，磨左旋而蚁右去，磨疾而蚁迟，故不得不随磨以左回焉。天形南高而北下，日出高故见，日入下故不见，天下之形如倚盖，故极在人北，是其证也。极在天中，而今在人北，所以知天之形如倚盖也。

灵宪：许建切，《灵宪》张衡所述其说，故曰浑天。

重仞：上直龙切，下音刃，八尺曰仞。

奥：于到切。

回：户顶切，远也。

卷上

甄鸾：上之人切，下历官切。甄鸾，北周司隶校尉。

重述：上直龙切，下时律切，赵爽既加注释，甄鸾又从而发明，故曰重述。

善数：色具切，数，算也。

包牺：上蒲交切，下虚宜切。

历度：徒个切。

而度：大各切，量也。

勾股圆方图：勾，古侯切；股，公土切。圆径一而周三，方径一而匝四。伸圆之周而为勾，展方之匝而为股。共结一角而邪适五，乃圆方邪径相通之率也。勾股圆方图，盖以此设，学者观之，思过半矣。

弦：胡田切，共结一角也。

率：朔律切，数相与也，又音律。

奇偶：上居宜切，下乌口切。

矩：俱雨切。

折：之列切。

更相：上古衡切，下息羊切。

共盘：上渠用切，下蒲官切。

昏垫：都念切，下也，《书》曰：下民昏垫。

并：界政切。

勾股之差：楚佳切，不齐也。勾股之差，其数差一，谓勾三股四也。

量均：力仗切。

为衺：莫候切，长也。

偃矩覆矩：偃，于宪切，仰也；覆，敷目切，俯也。矩，表也。仰表所以望高，俯表所以测表。

方属地：殊玉切，下同。

滂沱：上普郎切，下唐何切。

四隤：徒回切。

列星之宿：思救切。二十八宿之度也。《礼记·月令》"宿离不成"是也。

不省：息井切。省，悟也，不省，言不悟也，犹言不敏也。

累思：鲁水切。

累重也：直龙切。

才单：德寒切，单尽也。

驰思：相吏切，虑也。

捕影：蒲故切，索也。

掩日：衣检切，覆也。

表间：古闲切。

隆杀：所介切。

薄地：补各切，迫也。

姜岌：逆及切，晋人也。

交趾：音止，郡名也，去洛阳一万一千里。

路迂：云俱切，远也。

颍川：庚顷切，郡名。

祖冲之：持中切，冲之，宋南徐州从事史，撰《缀术》五卷。

秣陵：音末，郡名。

信都芳：并如字，善算者也，撰《器准》三卷。

虞𡵢：若郭切，梁太史令。

日高图：并如字。日高图者，求日高之法也。求日高法：先置表八尺，如八万里为衺，以两表相去二千里为广，广衺相乘得一亿六千万里，为黄甲之实，以影差二寸为二千里，为法除之，得黄乙之衺八万里，即上与日齐，此设图之意也。

黄甲：古狎切。两表相去名曰"甲"。

黄乙：亿栗切。日底地上至日名曰"乙"。

青丙：补永切。上天名"青丙"。

青戊：莫候切。下地名"青戊"。

极者，竭忆切。切诸言极者。斥天中极去周十万三千里。

奄：衣检切，覆也。

九隩：于到切，土可居也。

靡地：母被切，无也。

斥：昌石切，指也。

绿宿：息救切，二十八宿也。

蚀：乘力切。日月亏曰"蚀"。稍小侵亏，如虫食草木之叶也。

适至：施直切，恰也。

发敛：力冉切，发，往，敛，还也。

璇玑：上音旋，下音机。

逮：音迨，及也。

有奇：居宜切，数之余也，《易》曰：归奇于扐。

冬至夏至观律之数听钟之音：律，吕戌切；听，陀定切。此谓冬夏二至，合八能之士，以观律之数，而听钟音之清浊也。晋《律历志》曰：阴阳和则景至，律气应则灰除，是故天子常以冬夏至日，御前殿合八能之士，陈八音，听乐均，度晷影，候钟律，权土灰，效阴阳。冬至阳气应，则灰除，是故乐均清，影长极，黄钟通，土炭轻而衡仰。夏至阴气应，则乐均浊，影极蕤，宾通土炭，炭重而衡低，进退于先后。五日之中，八能各以候状闻。太史令封上，效则和，否则占。

七衡图：何庚切。七衡者，七规者，谓规为衡者，取其衡运则生规。规者，正圆之谓也。内一衡，径二十三万八千里；次二衡，径二十七万七千六百六十六里二百步；次三衡，径三十一万七千三百三十三里一百部；次四衡，径三十五万七千里；次五衡，径三十九万六千六百六十六里二百步；次六衡，径四十三万六千三百三十三里一百步；次七衡，径四十七万六千里。即其径而三之，则各得其周也。凡日月运行之圆周，七衡周而六间，一衡之间万九千八百三十三里一百步，以六衡乘之，即夏至冬至相去十一万九千里也。

青图画者：胡卦切，界也，俗作画。

合际：上胡合切，下子例切。

常处：昌据切，所也。

躔：呈延切，次也。

卯酉：上莫饱切，下以久切。皆辰名也。卯，正东也，酉，正西也。

牵牛：上轻烟切，下如字。牵牛，北方宿也。冬至日在牵牛。

娄：卢侯切。娄，西方宿也。春分日在娄。

东井：子郢切。南方宿也。夏至日在东井。

角：记岳切。东方宿也。秋分日在角。

用缯：慈陵切，帛也。

吕氏：两举切。吕氏者，《吕氏春秋》也，吕不韦为秦相国，集当世儒、世使著所闻，为十二纪八览六论，合十余万言，备古今之事，名为《吕氏春秋》。

四海：呼改切。《吕氏春秋》曰：凡四海之内，东西二万八千里，南北二万六千里。《尔雅》云：九夷、八狄、七戎、六蛮，谓之四海。言东西南北之数者，将明车辙马迹之所至。《河图·括地象》亦云：里数而有君长之州九，阻中国之文德，及而不治。又云：八极之广，东西二亿二万三千五百里，南北二亿三万三千五百里。《淮南子·地形》：至于南极而数皆然。

《河图·括地象》：括音聒，《河图·括地象》，纬书名也。

《淮南子》：并如字，汉淮南王安所著之书也。

大章：音泰，人名。

六间：古闲切。两衡相去之间也。

六间：古闲切。两衡相去之间也。

粗通：徂五切，略也。

放此：甫两切，效也，下同。

卷下

四和：户戈切，调也。四和者，谓之极子、午、卯、酉，得东、西、南、北之中，天地之所合，四时之所交，风雨之所会，阴阳之所和，然则百物阜安，草木蕃庶。故曰"四和"。

阜安：房缶切，盛也。

蕃庶：符袁切，茂也。

易处：夷益切，交也。

盖笠：上居大切，下音立。

覆盘：上方六切，下蒲官切。

离地：力智切，去也。

障蔽：上之亮切，隔也。下必袂切，奄也。

日兆月：直绍切。日者，阳之精，譬犹火光。月者，阴之精，譬犹水光。月含影，故月光生于日之所照，魄生于日之所蔽，当日则光盈，就日则明尽，月禀日光而成形兆，故云"日兆月"也。

魄：匹陌切。月之明消也。《康诰》曰：惟三月哉生魄。孔安国曰：三月始生魄。月十六日明消而魄生。扬子曰：既望则终魄于东，亦此意也。

行列：胡刚切。

极枢：春朱切。《尔雅》曰：枢谓之枨。郭璞云：门户扉枢也。此言极枢者，取其居中而临制四方也。

绳系：古诣切，结也。

表颠：多年切，顶也。

中折：之列切，屈也。

漏：卢侯切。漏，以铜受水刻节，昼夜百刻。暑漏，《中星略例》曰：日行有南北，暑漏有长短。然二十四气暑差迟疾不同，勾股使然也。直规中则差迟，与勾股数齐则差极，随辰极高下，所遇不同，如黄道刻漏，此乃数之浅者，近代且犹未晓。今推黄道去极与暑影漏刻昏距中星四术，而反复相求，消息同率，旋相为中，以合九股之变。

揆度：上巨癸切，下大各切。

释：施只切，散也。

朝生：陟遥切，旦也。

暮获：胡麦切。

获：胡郭切，收也。

葶苈：上音亭，下音历。

荠麦：在礼切。

正钩：上音政，下音钩。

无令：离呈切，使也。

织微：思廉切，细也。

督：音笃，察也。

分度：徒固切，数也。

经纬：上坚丁切，下于贵切。南北为经，东西为纬。

图定正：音政。

则复：扶复切，又也。

须女：如字，星名也。

游仪：如字。游仪，所以望星也。贞观中，李淳风造四游仪，元枢为轴，以连结玉衡游箭而贯约规矩。又元枢北立，北辰南距，地轴旁转于内，玉衡在元枢之间，而南北游仰以观天之辰宿，下以识器之暑度。开元九年，率府兵曹参军梁令瓒以木为游仪，一行是之，乃奏黄道游仪。古有其术而无其器，昔人潜思未能得。令令瓒所为日道月交皆自然契合，于推步尤要，请旨更铸以铜，十年仪成。

车辐：方六切。所以实轮而凑毂者也。以圆度为辐。

为毂：古禄切。所以受辐也。以经纬之交为毂。

二十八宿：息救切。

副置：敷救切，别也。别置算也。下同。

地协：檄颊切，合也。

相应：于证切。

参正：上仓舍切，下音政。

八节：并如字。二至者，寒暑之极；二分者，阴阳之和；四立者，生长收藏之始。是为八节。

二十四气：并如字。一岁凡八节，节三气，三而八之，故为二十四气。

气损益九寸九分六分分之一：并如字。损者，减也。破一分为六分，然后减之。益者，加也，加以小分，满六分，得一从分。

冬至：并如字。至，极也。冬至、夏至，寒、暑之极。

惊蛰：直立切，藏也。《易》曰：龙蛇之蛰，以存身也。《左氏传》曰：惊蛰而郊。

春分：府文切，分之言中也。春分为阳之中，秋分为阴之中。

芒种：上莫郎切，下之用切。

处暑：昌据切，所也。

时舍：音舍，不用也。

虚诞：音但，谩也。

一概：古代切。

矛盾：上莫浮切，下食闰切。矛所以句，盾所以蔽，器不同不相为用。凡言矛盾者，况其所趣异也。

后天：并如字。月后天者，月东行者也。此见日月与天俱西南游，一日一夜天一周，而月在昨夜之东，故曰"后天"。

故舍：式夜切。舍，谓二十八宿之舍也。

积后天：资昔切。以月后天分看小岁积分则积后天分也。

大岁：徒盖切。大岁者，十三月为一岁。

经岁：坚丁切，经，常也。经岁者，通十二月十九分之七。

小月：并如字。小月者，二十九日为一月。

大月：徒盖切。大月者，三十日为一月。

经月：坚丁切。经月者，以十九乘周天分，则经月之积。

合朔：上曷阁切，下色角切。

覆九：敷救切，盖也，下同。

当：音珰。

正南方：音政。

三十六顷：并如字。《考灵曜》曰：分周天为三十六顷，顷有十度九十六分之十四。长日分于寅，分二十四顷入于戌，行十二顷；短日分于辰，行十二顷入于申，行二十四顷。此之谓也。

坎：苦感切。正北方之卦也。

巽：苏困切。东南隅之卦也。

坤：苦昆切。西南隅之卦也。

离：吕支切。正南方之卦也。

艮：古恨切。东北隅之卦也。

乾：渠焉切。西北隅之卦也。

章：止良切。章，条也，十九岁为一章，言余闰尽为历法章条也。

蔀：薄口切。蔀之言齐，同日月之分也。而又众残齐合，群数毕满，故谓之蔀。四章为一蔀，凡七十六岁也。

遂：徐醉切。遂者，终也。言五行之德一终尽极日月长终也。二十蔀为一遂，凡千五言二十岁。

首：始九切。首，始也。言日月五星终而复始也。三遂为一首，凡四千五首六十岁也。

极：如字，终也。言日月星辰，弦望晦朔，寒暑推移，万物生育，终而复始，故谓之极。七首为一极，凡三万一千九百二十岁也。

乾鉴度：徒固切，乾鉴度，《易》纬书也。

《群芳谱》卷一

明 王王象 晋撰

周天气候考

一岁共十二月，二十四气，七十二候。大寒后十五日，斗柄指艮，为立春，正月节立始建也，春气始至而建立也。一候东风解冻，冻结于冬，遇春风而解也。二候蛰虫始振，蛰藏也，振动也，感三阳之气而动也。三候鱼陟负，水上游而注水也。

立春后十五日，斗柄指寅，为雨水。正月中阳气渐升，云散为水如天雨也。一候獭祭鱼，岁始而鱼上则獭取以祭。獭一名水狗，獭祭圆铺，水象也。二候候雁北，阳气达而北也。三候草木萌动，天地交泰，故草木萌生发动也。

雨水后十五日，斗柄指甲，为惊蛰。二月节蛰虫震惊而出也，一候桃始华，《吕览》作桃李华。二候仓庚仓庚一名黄鸟，一名搏黍，一名黄袍郎，僧家谓之金衣公子，俗名黄栗留、黄莺儿，色黧黑。鸣一作，鹂黄鹏也，仓清也，庚新也，感春阳清新之气而初出，故鸣。三候鹰化为鸠，即布谷。仲春之时，鹰喙尚柔，不能捕鸟，瞪目忍饥，如痴而化，化者，反归旧形之谓。春化鸠、秋化鹰，如田鼠之于鴽也，若腐草、雉爵皆不言化，不复本形者也。

惊蛰后十五日，斗柄指卯，为春分。二月中分者半也，当春气九十日之半也。一候玄鸟至，玄鸟，燕也，春分来秋分去。二候雷乃发声，四阳渐盛，阴阳相薄为雷，乃者，象气出之难也。三候始电，电，阳光也，四阳盛长，气泄而光生也。凡声属阳，光亦属阳。

春分后十五日，斗柄指乙，为清明。三月节，万物至此皆洁齐而明白也。一候桐始华，桐有三种，华而不实曰白桐，亦曰花桐。《尔雅》谓之荣桐，桐与天地合气，造琴用花桐。至是始花也。二候田鼠化为鴽。田鼠大头似兔，尾有毛，青黄色，生田中，俗所谓地鼠也。鴽，鹑也。鼠阴数，鴽阳数，阳气盛，故阴为阳所化。三候虹始见，虹蜺即蟒蝀，俗为之，日与雨交，天地之淫气也。

清明后十五日，斗柄指辰，为谷雨。三月中，雨为天地之和气，谷得雨而生也。一候萍始生，萍阴，物静以承阳也。二候鸣鸠拂其羽，拂羽飞而翼迫其声，气使然也。三候戴胜戴胜首毛如花胜。降于桑赞，候。谷雨后十五日，斗柄指巽，为立夏。四月节夏大也，物至此皆假大也。一候蝼蝈鸣。蝼蝈一名鼮鼠，一名蝼，阴气始，故蝼蝈应之。蝼蝈一名土狗，好夜游，有五能，不成一技，飞不过屋，缘不穷木，游不渡谷，穴不覆身，走不先人。二候蚯蚓出。蚯蚓即地龙，一名曲蟮王。蚯蚓阴，数出者乘阳而见也。三候王瓜生。瓜一名落鸹，瓜生野田，泽墙边，叶有毛如刺，蔓生五月，开黄花，旋结子如弹，生青熟赤。王瓜，土瓜也，以为蓴挈菝挈者非。

立夏十五日，斗柄指巳，为小满。四月中，物长至此皆盈满也。一候苦菜秀。荼为苦菜，感火气而苦味成，不荣而实曰秀，荣而不实曰英，此苦菜宜言英，以为苦蕒者非。二候靡草死，靡草，草之枝叶靡细者，葶蘼之属，凡物感阳生者，强而立感，阴生者柔而靡。靡草则阴至所生也，故不胜阳而死。三候麦秋至，麦以夏为秋，感火气而熟也。

小满后十五日，斗柄指丙，为芒种。五月节言有芒之谷可播种也。一候螳螂生。螳螂饮风食露，感一阴之气而生，能捕蝉，深秋生子于林木，一壳百子，至此时破壳而出，药中谓之螵蛸，生于桑者佳。二候鵙始鸣。鵙，百劳也，《本草》作博劳恶声之鸟枭类也，不能翱翔直飞而已。三候反舌无声。诸书谓反舌为百舌鸟，能反覆其舌，感阳而鸣，遇微阴而无声也。以为蝦蟇者非。

芒种后十五日，斗柄指午，为夏至。五月中万物至此皆假大而极至也。一候鹿角解。鹿山兽形小，属阳，角支向前，夏至一阴生。鹿感阴气，故角解。二候蜩始鸣。蜩蝉之大而黑色者蜣螂脱壳而成，雄者能鸣，雌者无声，今俗称知了，蝉乃总名也，鸣于夏，为蜩。庄子谓蟪蛄、夏蝉也，语曰蟪蛄鸣朝。三候半夏生。半夏，药名，居夏之半而生也。夏至后十五日，斗柄指丁，为小暑。六月节暑气至此，尚未极也。一候温风至。温热之风至，小暑而极，故曰至。二候蟋蟀居壁，蟋蟀一名蚕，一名蜻蛚，促织也。感肃杀之气，初生则在壁，感之深则在野。三候鹰始挚，挚，鸷击也。月令鹰乃学习，杀气未肃，鸷鸟始习击博，迎杀气也。

小暑后十五日，斗柄指未，为大暑。六月中，暑至此而尽泄。一候腐草为萤，离明之极则幽阴，至微之物亦化而为明，《诗》熠燿宵行。另一种形如米虫，尾亦有火，不言化者不复原形也。萤一名丹良，一名丹鸟，一名夜光，一名宵蜀。二候土润溽暑。土气润故蒸郁，为溽湿，俗称醍醐，热是也。三候大雨时行，前候湿暑，而后则大雨时行，以退暑也。

大暑后十五日，斗柄指坤，为立秋。七月节，秋挚也。物至此而挚也。一候凉风至。凉风《礼》作盲风，西方凄清之风也，温变而肃也。二候白露降大雨，之后凉风来，天气下降，茫茫而白，尚未凝珠，故曰白露。降白秋金色也。三候寒蝉鸣。寒蝉，寒蜩也，俗名都了，色绿，形小于夏蝉。今初秋夕阳，声小而急，疾者是也。

立秋后十五日，斗柄指申，为处暑。七月中阴气渐长，暑将伏而潜处也。一候鹰乃祭鸟，鹰义禽，不击有胎之鸟，金气肃杀，鹰感其气始，捕击必先祭，犹人饮食必先祭祖也。二候天地始肃。三候禾乃登。禾者，谷连藁秸之总名。成熟曰登。

处暑后十五日，斗柄指庚，为白露。八月节阴气渐重，露凝而白也。一候鸿雁来。鸿雁，《淮南子》作候雁，自北而南来也。二候玄鸟归。玄鸟，北方之鸟，故曰归。三候群鸟养羞，谓藏美食，以备冬月之养。白露后十五日，斗柄指酉，为秋分。八月中至此而阴阳适中，当秋之半也。一候雷始收声。雷属阳，八月阴中，故收声入地，万物随以入也。二候蛰虫坏户。坏益其蛰穴之户陶尼之泥，曰坏细泥也，使通明处稍小，至寒甚乃墐塞之也。三候水始涸。水，春气所为，春夏气至故长，秋冬气返故涸也。

秋分后十五日，斗柄指辛，为寒露。九月节气渐萧，露寒而将凝也。一候鸿雁来宾，雁后至者为宾。二候雀入大水为蛤。雀，黄雀也，严寒所致蜚化为潜也。蛤、蚌属之小者。三候菊有黄花。菊独华于阴，故曰有也。应季秋土王之时，故言其色。

寒露后十五日，斗柄指戌，为霜降。九月中气愈肃，露凝为霜也。一候豺乃祭兽。以兽祭天报本也，方铺而祭秋金之义。二候草木黄落。色黄摇落也。三候蛰虫咸俯，皆垂头畏寒不食也。

霜降后十五日，斗柄指乾，为立冬。十月节冬终也，物终而皆收藏也。一候水始冰，水面初凝，未至于坚，故曰始冰。二候地始于冻，土气凝，寒未至于坼，故曰始冻。三候雉入大水为蜃。雉野鸡也，大蛤名蜃。

蜃，大者为车轮，岛屿月下吐气成楼台，与蛟龙同大，水淮也。

立冬后十五日，斗柄指亥，为小雪。十月中气寒而将雪矣，第寒未甚而雪未大也。一候虹藏不见。阴阳气交为虹，阴气极，故虹伏。虹非有质，故曰藏，言其气下伏也。二候天气上升。三候地气下降。天地变而各正其位，不变则不通，故闭塞也。

小雪后十五日，斗柄指壬，为大雪。十一月节言积阴凛冽，雪至此而大也。一候鹖鴠不鸣。鹖毅，鸟也，似雉而大，有毛，角斗死方已，古人取为勇士冠名，黄黑色，故名鹖阳鸟，感六阴之极而不鸣，以为寒号虫者非。二候虎始交。虎感微阳萌动，故气益甚而交也。三候荔挺生。《本草》谓荔为蠡，实即马蓘，似蒲而小，根可为刷。以为零陵香非。

大雪后十五日，斗柄指子，为冬至。十一月中日南，阴极而阳始生也。一候蚯蚓结。六阴寒极之时，蚯蚓交结如绳。二候麋角解。麋，泽兽，形大，属阴，角支向后。冬至一阳生，麋感阳气，故角解。三候水泉动。水者，一阳所生。一阳初生，故泉动也。

冬至后十五日，斗柄指癸，为小寒。十二月节时近小春，故寒气犹小。一候雁北乡。乡者，乡道之义，雁避热而南，今则北飞，禽鸟得气之先故也。二候鹊始巢。至后二阳已得来年之气，鹊遂为巢，知所向也。三候雉雊。雉，文明之禽，阳鸟也。雊，雌雄同鸣，感于阳而有声也。

小寒后十五日，斗柄指丑，为大寒。十二月中时已二阳，而寒威更甚者闭藏，不甚则发泄不盛，所以启三阳之泰，此造化之微权也。一候鸡乳。乳，育也。鸡，木畜，丽于阳而有形，故乳。二候征鸟厉疾。征，伐也。杀伐之鸟鹰，隼之属，至此而猛厉迅疾也。三候水泽腹坚。腹，内也。冰彻，上下皆凝，故曰腹坚。一元默运，万汇化生，四序循环，千古不易。极之而阳，九百六不过此，气之推迁耳，盖天运，四千六百一十七万为一元，初入元，百六岁有厄，故曰：百六之会。传曰：百六有厄。过剥成灾，一元之中九度，阳厄五，阴厄四，阳为旱，阴为水，合之为九，故曰阳九之厄也。

《御制月令七十二候诗》

御制月令七十二候诗　有序

订月令以贯年。《吕览》经汉儒之辑系，时训而胪日。《周书》述汲冢之遗迫条列候名，魏收，始登之历志，乃吹求节气。林甫擅宰夫经文，他如《通卦验》之流传不无岐互。溯彼《夏小正》之纂记，颇有抵牾。今曲台既布在学官，而时宪复征为典故。海寓奉一王之朔，罔敢差池，士林准六事之恒畴，能拟议顾考，自三唐以下罕赋其全唐时试帖，间有以月令命题者，约计不及什一。即检诸四库之中，莫寻斯什。命馆臣于《四库全书》集部内检之，自唐迄明从无咏七十二候者。只有东海散人之作，实同巴渝下里之歌，虽猘吠在所必删毁，其他知禁非已甚，固蚓鸣殊无足取，存厥真见，格本太卑国初顾德基《东海散人集》，有此题。其它书毁谤本朝，悖谬应毁。而咏《七十二候》之作，尚无违碍语，姑存此卷，亦使人知余实不袭其只字也。

兹乘清箇之几闲，爰按陈编而拈咏，由春孟迄于冬季，岁月匀排，从冻解违及泽坚，始终具举，既随题而得句，亦因事以立言，或为辟谬砭讹，仍复引伸触类。如鸣蜩、鸣蝈之弗爽，何鹍鸣忽欲从周？彼祭鸟、祭兽之无稽，即獭祭宁谙报本？鹎、鹊、鹏之未详其族，嗟耳食徒事纷呶。鹿麇麈之鲜识其群，繄目击方堪厘正。虎性惟知猛噬，奚由感善政于刘昆？露气岂有高低，诚足诮求仙之汉武？蛰兽善藏其食穴，秋官之训诂滋疑。飞鹊受抵乎玉山，桓宽之盐铁非妄。蛃螟触雨晴之气，漫诬郑卫之音声。雷电昧先后之机，应悟震光之近远。蜃蛤入于淮海，谁则见之？鸡雉顺其雏孚，故尝闻也。泉动比源长不涸，车牵非冻结何行。风至与物极同，诠舟居讵梅蒸可避。反舌略如鹍鸣，寒暑攸分。寄生曷肖螳螂，质形又判。进先园吏王瓜，殊苦菜之铺荣开。护封姨荔挺，让桃华之待沐。若夫鹰在野而自能常饱，可通于敌忾因粮。至于雨渐石而正协时行，每惧其涨川害稼，木阑值鸿宾之际，雁臣来效。驰驱太液，当鱼陟之前，冰技阅施颁赍。栗留唤麦穰秋，最企豫齐。戴腾降桑登茧，尤麈吴越。凡皆即此，以通乎彼。间亦举一以例其余。日就四章，几滴才听莲漏，期赢半月，三荚，恰数蓂阶大。而课织劝农，兼该园治精之格物穷理，洵足惬心。披七十二候之都全，约仿生春赓叠，依三百六旬，而适遍差强，花信更番于焉。体物缘情，岂曰因难见巧备，曾经意视此弁辞。

正月立春节三候

东风解冻

一阳子半已初生，论节应从元继贞。底识立春标岁始，试看解冻拂风轻。闾阎欲暖渐徐泛，习习为条波细呈。育物对时羲象著，登台何以乐吾氓。

蛰虫始振

青阳气应水和风，振蛰旋因及百虫。偻指数来刚逮五，披襟对处恰从东。蠕蠕欲动方启户，屈屈求伸尚守宫。蛇蝎蛟龙无不育，大哉造物有鸿功。

鱼陟负水

解冻非云冻绝无，轻澌薄凌尚存湖。陟之乍拟亲回雁，负则偶然殊听狐。逸士且迟思泽畔，枲军何用喻妸隅。设云结网临渊羡，董子名言亦启吾。

正月雨水中三候

獭祭鱼

物生孰不性灵含，海獭知春视亦眈。度水因之为曲穴，祭鱼遂尔取深潭。围陈乃似习乎礼，狠斗依然败以贪。何事简编列书几，寓言仍复有樊南。

候雁北

旋转璿玑物尽知，自然随运那资师。衡阳律暖因呼侣，塞北天宽可育儿。

堰于仲秋往南避寒，至仲春则回向北，盖雁本聚居于沙漠水泽间，字育皆在其地耳。嘹唳度云声落汉，徘徊印月迹留陂。君王凫雁光辉有，莫漫高飞太液池。

草木萌动

昭苏橐籥递侵寻，不疾不徐邕且愔。遍地含芽及荦甲，连林柳眼与梅心。形于无处觉其有，色向浅中染以深。物自乐哉民孰省，恻然汉诏意贻今。

二月惊蛰节三候

桃始华

蘸蘸山凹复水边，春华头踏信初传。欲弹蓓蕾耐寒峭，得弄丰姿灼日鲜。白似与梅作孤汪，红如忌杏着先鞭。开时异二惯相妒，望雨常教叹怅然。山桃开时辄多大风，又北方春月，每常盼雨，故花时多不能畅适也。

仓庚鸣

金衣恰试出幽黄，迁向乔林声渐扬。岂有不平鸣咄咄，率因应候舞裳裳。调喉无碍藏枝密，刷羽偏能选树芳。我读豳风重民事，听之每为念蚕桑。

鹰化为鸠

鸠化为鹰鹰化鸠，鸠化为鹰，虽不见于《月令》而见于《京房易占》。仁于春返义之秋。孔氏曰："反归旧形之谓。"戴家不尽辞因著，《大戴礼》曰："鸠也者，非其杀之时也善，变而之仁，故具言之。鸠为鹰而之不仁，故不尽其辞。"董氏扶阳意可求。禽类尚能体爱育，人心岂得恣虔刘。寄言行猎渭城者，呕呕何须屡下鞲。按《月令》春鹰化为鸠。王制又有"鸠化为鹰"之文。郑司农注云："鸠化为鹰在仲秋，是二物互相变化"，见于《礼经》。虽因温肃以言仁鸷之理，而其何以能化于义，未详。但今之鹰产于北塞，贡至鹰房饲育之，而鸠则林薮皆有，即所谓"布谷"。林丞蓄鸟雀者，间亦育之，乃众所共见，且鹰大而鸠小，其形今古不异，亦殊不相类。鹰或养至数年，而鸠亦可经岁，不闻其互为变化也。岂施以鞲笼即不能变易，而飞鸣山泽间，始能适其性乎？盖鹰之类不一，鸠之类亦不一，世人各予以名，注释者传闻无据，甚有以鸟之小而鸷者皆曰隼，大而鸷者皆曰鸠之说，尤为倒置故《禽经》鸟疏聚讼纷如，难以殚辨。鹰能化鸠、鸠复化鹰，盖必无其理，亦如冬夏麋鹿之角解，非经考定，不能核实，此予所以有取于《孟子》"尽信书不如无书"之说也。

二月春分中三候

元鸟至

春来秋去孰为之，夏见冬藏亦岂奇。只以翱翔能任运，遂如宛转善知时。傥逢王巷本无意，欲入卢梁底有窥。千古原多拈咏者，而何独著道衡时。

雷乃发声

震位更临中月候，为雷初试发声和。屈伸蛰出天教喜，郁鼓利兴律岂讹。

望雨每因希听亟，推云惟是祝休多。顾家诗句传奇语，奇矣其如鄙若何。顾德基是题诗有雷"家兄弟折冲初及，风雨连日候泥猪"之句，又自注云："雷州古海康郡，雷在地下如猪，又雷兄弟五人，惟第五最刚强，为天帝折冲拒难之臣，其意止知好奇，但语涉不经，诗笔亦近鄙俚，大雅所弗尚也。"

始电

雷电相需孰后先，或因远近识其然。雷缘近故先闻耳，电以远斯后见游。五日为期亦约略，见《月令》考《春秋》疏引《河图》，云：阴激阳为电，电是雷光，最为近理。又《埤雅》云：电与雷同气。其说亦合。因验以众所见闻者，如电光甫掣，霹雳既随，此发之至近者也。或电光久闪，雷乃徐鸣，此稍远者也。若止见电而不闻雷声，此相去甚远者也。按《易》云：震惊百里。世因有雷百里，电千里之谚，亦言百里以外，即不能闻声，而电附天而见，故光能及远，如夏秋之夜，电光闪烁，远薄云表，而近地则星月皎洁，或久而云凑雨集、雷电交作，足为自远而至之征。或竟夜晴而不雨，则俗语所云，"百里不同天也"。盖雷与电本非二物，以令枪炮喻之，电光当在雷声之前，其理易晓，故仲秋《月令》仅言："雷始收声"，不复言电也。魏书《律历志》乃以五日一候分属之，则未免失之泥耳。二仪妙运藉昭宣。协时惟正不语怪，何必奇称列缺鞭。

三月清明节三候

桐始华

桐生茂豫逮春三，遂有桐华枝杪含。花落实成青则美，实孤花望白应惭。花而不实者曰白桐，华而结实者曰青桐，见《月令集解》。熟知周室琢圭戏，却忆廊风作瑟堪。妻奉待他鸣凤集，卷阿吉士喻良谈。

田鼠化为驾

三月由来辰候当，火鹑水鼠化其常。相生位应子而午，交变神彰阴与阳。田害去斯为善事，礼仪成或佐佳湘。尧居设以云比拟，我亦无心黄屋黄。

虹始见

天地缘何淫气行，晦翁兹语我疑生。《毛诗·蝃蝀》篇，毛传谓：夫妇过礼则虹气盛，君子见戒而惧，故莫敢指。郑笺云：虹天地之戒尚无，敢指均于风人比义相合。《朱子集传》乃以虹为天地之淫气，殊害于理。夫虹乃日光雨气相薄而成，并无淫义，即如天地絪缊，万物化生乃阴阳二气，妙合而凝，皆正道非淫气也。若相合即以为淫，是夫妇人伦之始，亦当以淫目之，则鲁论所云"关雎乐而不淫"，孔子论定，岂亦不足征耶？总由朱子说"诗不免拘而过"，当见是篇为刺淫奔，遂以所比之物，亦引而附丽之，失正解矣。然邶墉卫三国诗尚从《小序》也。至郑风则自缁衣以下，惟六篇与旧说相仿，余十五篇悉以淫奔斥之，其与《小序》合者，不过《东门之墠》及《溱洧》二篇外。此虽风雨之思，君子衿之刺，学校发扬之，水之闵，无臣亦目为淫奔，而于将仲子之刺，庄公山有扶苏诸篇之刺忽，皆置其国事而不问，岂诵诗尚论之义哉。盖朱子泥于郑声淫一语，凡郑诗之以人言者，无不属之淫奔，不知郑声淫乃言其声非言其诗也。郑卫之声大率，近于淫靡，非特桑濮溱洧本属荡佚之词，即令取二南之《关雎》、《鹊巢》诸篇奏之，亦安能舍其土风而别从正始乎？因辨虹为淫气而引伸触类及此，并非有意推寻，惟折衷于至理而已。春深律暖致斯见，日暎云轻因以成。西宇朝隮必其雨，东方暮见定为晴。武夷亭幔空中架，蹑此居然到玉京。

三月谷雨中三候

萍始生

植根于水实无根，非色非空至理存。霡食鸭茵因物付，面青背紫任风翻。虚舟不系堪相拟，老血变为本戏论。最是风人王化被，采苹南涧意犹惇。鸣鸠拂其羽七候曾经鹰化时，拂其羽长上高枝。每怜唤雨鸠佳矣，似较呼晴鹊更之。听去邑邑原入律，看来楚楚可为仪，夏初春末望霖惯，林外鸣音共琐眉。按：鸣鸠戴胜，《月令》以纪农桑之候，其为二鸟可知。解者以鸠为布谷，而以戴胜为织纴之鸟，亦判然相别。乃后世逞其臆见，既以鸠为布谷，又以为即戴胜，则惑矣。盖布谷之为鸠确乎可信，于何知之？田家每以布谷鸣验雨候，即所谓斑鸠也，其形与声了不相混，而于鸠唤雨之说亦合。若戴胜本名鵀，因其头上有毛如胜，亦得戴胜之名，不闻其亦能唤雨，故孔疏直驳孙炎所云"鸣鸠自关而东谓之戴鵀"，为非也，考之，鸠凡十四名，或戴胜即在其内，但不得与斑鸠合而为一。且如郯子所陈"五鸠九扈"，当时分以命官。注疏家亦艰于详考，则非验之于令固不能征，古而无疑耳。

戴胜降于桑

既解催耕复司织，堪于禽类首称良。农人听若呼布谷，解见前以咏七十二候姑从旧说蚕妇观之识降桑。仁见谓仁知谓知，逸诚非逸忙非忙。卵生嘉尔重民事，仪凤何须颂兆祥。

四月立夏节三候

蝼蝈鸣

二物讹为一物鸣，蝼蛄蝼蝈异形成。蝼蛄，郑注云"蛙也"，孔疏云：《周礼》蝈氏，郑司农训为虾蟇。按：虾蟇即蛙，孟夏正其鸣时，若蝼蛄乃鼫鼠，虽有能飞、能缘、能游、能穴、能走五技而不言能鸣，是蝼蝈与蝼蛄判然二物，不得混而为一也。未曾精考《礼月令》，遂致谬传夏小正。顾德基诗："土狗宵来一部喧"，自注云：蝼蝈夏小正盤鸣是也，一名土狗。按：《夏小正》四月鸣蜮，德基乃引三月盤则鸣，且又取俗名土狗为释，非惟诗格庸陋，亦足见考覈之不精耳。蛄自能飞艰上屋，蝈惟知伏充喜依坑，每当望雨倾听际蛙鸣为雨占，偏厌藏泥不作声。

蚯蚓出

食饮泉泥已足安，忽然出土每僵干。龙蛇漫喻失其所，腾达由来取自残。

仲子操充亦奚可，欧阳文就颇宜观。然非雨透初无此，蚯蚓性喜阴湿，常时伏于泥壤，惟雨过土酥乃乘时而出。望泽常从藓砌看。

王瓜生

一例王瓜种各别，欲求其实定谁耶。黄菟或道郭云是，草挈复称郑注差。《尔雅》黄菟瓜，郭璞注云："似土瓜而土瓜自谓之"藤菇，又名钩菇，盖别是一种也。郑康成《月令》注云："王瓜草挈也"，考衍义云："王瓜体如括楼，七八月间熟，红赤色，今人谓之赤雹子"，与陶隐居言"王瓜生篱落间者"相合。至郑注："草挈，本草，作菝葜，江浙多有之，秋结黑子如樱桃，似非王瓜也。"即物舛讹犹此甚，于人好恶定当加。生花结实仍初夏，晚较唐宫亦自嘉。余以为王瓜即黄瓜，每于四月进鲜，《学圃余疏》云："王瓜燕京人种之，火室中逼生花叶，二月初即结小实，中官取以上供。"唐人诗云："二月中旬已进瓜"，不足为奇矣云云，足为王瓜即黄瓜之证，今虽入馔稍晚，然由种萩得法而成，非藉大官爨火也。

四月小满中三候

苦菜秀

气备四时当夏成，首阳菜秀佐和羹。其甘如荠风人咏，非赤若珠颜氏评。《颜氏家训》："苦菜生于寒秋，更冬历春得夏乃成"，今中原苦菜是也。又江南别有苦菜，叶似酸浆子，大如珠，或赤或黑，今河北谓之"龙葵"。世以此当苦菜，乃大误也。作苦充肠宜旅客，杜甫诗"终然添旅食，作苦期壮观。"微酸入口合书生。信能咬得其根者，卓荦何妨百事营。《闻见录》汪信民言："人咬得菜根则百事可做。"

靡草死

草原细矣加之靡，索索其能免早摧。设使自居于倾覆，应知谁得与栽培。砌旁葶苈先零矣，园里松筠自若哉。却忆雍陶有佳句，客心似此亦堪哀。

麦秋至

春谓竹秋夏麦秋，竹秋无系麦秋休。久从望雪培根固，乃得翻风结穗稠。最念豫齐为岁计，河南山东以麦收重，二麦熟则农民生计自饶，因有"一麦抵三秋"之谚。每因饼饵切民忧。两歧非瑞普丰瑞，艰致其丰用是愁。

五月芒种节三候

螳螂生

螳螂形异小蜘蛛，何谓螵蛸之母乎。郑注云："螳螂，螵蛸母也。"按：螵蛸，《毛传》谓之"长踦"。引郭璞曰："小蜘蛛长脚者。"陆机云："一名长脚，其形与螳螂绝不类，何云是其母乎？若螵蛸著木形如半茧，尚未化成，更不得以螳螂为母也。"大抵方言原各判，未精《尔雅》舛相呼。中郎博物知机早，御者开君喻理殊。一分阴虫能识节，仲舒三策语非诬。

鵙始鸣

螳螂已应一阴生，鵙鸟一阴亦应鸣。物类气机运相感，圆仁方义道堪明。虽然彼岂知乎此，徒以言而纷有评。戴氏掇其吕氏语，几曾《月令》圣人成。

反舌无声

百舌能为百鸟语，将临夏至寂无鸣。啭喉已过阳极盛，噤舌因于阴始生，飞掠花间只留影，栖停树杪亦收声，顺时而动顺时静，何有韩文不得平。

五月夏至中三候

鹿角解

木兰鹿与热河麈，解角均于夏至时。虽曰牝同头秃矣，原看牡异队分之。鹿解角后，牡鹿之头亦秃，遥视几与牝鹿无异，然牝牡仍别群而游，原未尝不可辨也。

下来颇似牛羊晚，尝于避暑山庄作《文园四咏》于咏鹿篇，有"野鹿如牛羊，日夕每下来"之句。友去聊欣左右宜。著说证明千古舛，此非矜智验真知。按：《月令》"仲夏鹿角解，仲冬麋角解"，孔疏谓：说者多家皆无明据。熊氏以鹿是山兽，夏至得阴气而角解。麋是泽兽，冬至得阳气而角解。颖达虽引其词而不信其说，然亦迄无定论。以今考之，木兰之地多鹿，迤南亦间有麋，至盛京吉林、热河则有麋而无鹿。虽鹿大而麋小，毛色亦异，然无不夏至解角，乃知熊氏之说诚误也。非惟熊氏误，即小戴所采吕氏之书与大戴所录《夏小正》之册亦皆误也。然则遂无解角于冬至者乎？曰：有之。则南苑之麈是，余既辨正而为之说，详见后麋角解诗按。

蜩始鸣

五月为蜩七月蝉，时殊一物两名迁。初听仲夏声犹细，渐泛熏风韵亦鲜。欲笑鹏飞图九万，漫经螳捕在丝弦。豳诗既曰行似令，于鵙之鸣胡舛焉。"豳风五月"鸣蜩是行，夏时也。而七月鸣鵙，实夏之五月，为周之七月，以一之日、二之日数之，则为七。公旦之诗，何以有此舛也？

半夏生

药草生当五月中，江南端弗及齐东。率因地道时差异，自致物群品不同，水玉象形名颇得，守田会意号犹工。歧黄之术非吾晓，修治无须问焙烘。

六月小暑节三候

温风至

南方曰臣即温风，至极至来训不同。至亦训，极亦训来。季夏暑气之至极，故曰"温风至"，非谓其初来也。季也定非来以始，夏哉应是极而终。登台拂拂面犹扑，挥扇炎炎汗更融。却忆良农方炙背，三耘努力卤田中。

蟋蟀居壁

六月莎鸡振羽时，不妨逢壁且居之。或墙或穴原无定，曰蜮曰肖则尚迟。

屈以为伸应有待，动由乎静更何疑。孟冬仍即于床下，复始归根理在兹。

鹰始挚

《尔雅》《禽经》名已纷，鹘师赤辈本能分。鹘师赤者，回语为"司鹰鹘之人"，如蒙古语所谓"锡保赤"者也。鹰、鹞、鹘、隼各分其类，而饲养者亦不同也，详见后按语。当春毛换方弱耳，经夏羽坚始挚云。野者自当谋食巧，养之斯在用功勤。鹰在野，当春脱羽时，每脱不过一羽，且旧者甫脱新者即生，故尚能搏物以自充口食。其经人畜养者，日喂肉换毛时，必觅鸟雀饲之，毛羽皆成片而脱，故不复能飞搏，必待新毛长全，然后奋击。此事回人知之最详，向询之白和卓云。畜禽亦实寻常事，板屋为奢似费文。《元史》命兴和建屋居海青，盖海青换羽时，不可无木笼以听其施展，名虽为屋实则笼耳。今时亦然，乃养鹰常事，并无多费，而史家谓之建屋，过甚其词，意在寓讥，而不知其言之实也。按：《禽经》于鹰、鹞、鹏、鹘之属，名类纠纷，往往强为牵附，且以小而鸷者为隼，大而鸷者为鸠，殊失实矣。夫鸠自为类，性亦不鸷与鹰鹞之属何涉。而《尔雅翼》又云："在北为鹰，在南为鹞"，尤支离无据，不知鹰与鹞本是两种，岂因南北异名，良由书生目不识鹰，惟据纸上陈言互相传会，设叩以鹰鹞之所长，其不茫然莫对者几希矣。试以鹰鹞各种言之，鹰则用以取雉者也；鹞小于鹰，止能捕鹌鹑；鹘较鹰为大，善搏兔故亦谓之"兔鹘"，又有一种捕野鸭者，谓之"鸭鹘"；惟鹏之大，数倍于鹰鹘，故狍与獐皆可攫而致之；隼则今无其名，然曰小而鸷，则于海东青为近，其飞最高，故能擒天鹅，第产于黑龙江，故注《禽经》者未之耳。至若鹰在野，虽换羽时，亦能攫物以资啖，盖一日不自觅食，则苦饥。而居笼者，日饱肉食，无所容其自求，故脱羽即不能奋击。若令野鹰效之，其不坐以待毙者鲜矣。斯事虽小，可以喻大，如我国家。开创之初，八旗子弟随征，从无输挽军储之事，而人自为战，士马饱腾。今承平日久，或征调满洲兵，非齐粮即不能行，可见自食者力勤，人食者志惰，孰谓禽鸟之微不可通于政治乎。

六月大暑中三候

腐草为萤

草腐无情却有情，化为萤乃傍宵行。得阴气不愁雨湿，生夏方因似火明。游月居然杂点点，泛风奚碍傲登檠。东山什善体人意，世事哪能免远征。

土润溽暑

土王原当于四时，夏之德火乃蒸之。润而为溽歊无比，湿以成炎郁岂辞。图治欲因去酷吏，静心谁得似禅师。继儒乃曰舟中好，识者知其有遁辞。内府藏有陈继儒字幅云："人但知避暑而不知避梅，避梅无过舟居，如镬汤里避暑，为众热所不到。"虽拾佛家语，未免坏他世像，为遁词云。

大雨时行

月建未斯当井宿，井司水故作为霖。大云每见浩无际，十月难云期不谌。候谚忽明多幻势，横排竖洒畅雄音。怨咨讵止㘭民苦，南北河工更系心。每夏月，大雨时行，恐致成潦，既念田庐复虞河涨，或溃堤堰，南北河工无不廑怀也。

七月立秋节三候

凉风至

避暑何须走若狂，披来迎面递微凉。豳风七月同流火，坤卦初爻先履霜。晓看梧阶一叶落，宵听莲漏几声长。最怜班扇托深喻，秋节临当箧里藏。

白露降

晴朝草际露华流，乍见盈盈白色浮。倾向砚池真受采，落来扣砌漫惊秋。底因文武分沉布，空说龟蛇作饮游。却笑求仙汉皇拙，铜盘高峙若为收。按：《三辅旧事》称，建章宫承露盘，高二十六丈，大七围，上有仙人掌承露，和玉屑饮之云云。夫露降于天下，被草木，沉潜英气，不关其高与低也。且二十余丈之高盘将何以上而取之？记载家之好奇不经，大率如此，甚可笑也。尝于夏月收荷露烹茶，所为取之无尽用之不竭，无涉求仙而实称韵事。

寒蝉鸣

树蝉音亮晚风披，群噪斜阳返照枝。原是夏中始出物，谓五月鸣蜩，蜩与蝉本一物也。似知寒至各争时。膀鸣疑奏新声巧，壳蜕宁怜旧体遗。刘胜其人大可畏，用人者曷亦思之。

七月处暑中三候

鹰乃祭鸟

几人熟读《禽经》者，族类仍讹鸠与鹰。古人于鹰与鸠混而无别，虽《月令》亦不免讹舛。羽翼已成应搏击，生鲜欲啖且凭陵。彼其在野传疑幻，若此居笼见郗曾。鹰在野而祭鸟，既不能向人自达其意，又谁知之？而谁传之？若笼养之鹰，投以肉食，啖之立尽。从未见其先祭也。月令分明言獭祭，祭先之语典何征。《月令》注：鹰祭鸟者将食之，示有先也。孔疏云："鹰欲食鸟之时，先杀鸟而不食，若供祀先神，不敢即食"云云。说本不经，顾德基此题注云：似人之食而祭其先，代为食之，人尤失之凿。夫獭祭鱼，乃既得鱼，而围圆列于水潢，有似于祭耳。《埤雅》乃谓：獭为自祭其先，实理所必无。鹰更不然。飞而搏鸟，得则玩弄而食之，亦如猫之捕鼠，戏攫少顷，待其将毙而即啖，与獭之围圆陈列已绝不相类，更安得有祭先之谬说乎？使如所云，鹰与獭皆能祭，何以不闻虎之祭兽也？且以常理而论，胎生者灵于卵生，卵生者灵于化生，如犬马皆能会人意，而禽类则不能然。鸡鸭犹可呼之而至，若鱼虾虽呼亦不至矣。

天地始肃

秋是刑官商作声，状为义气肃而清。地乾潦尽波光净，天淡云闲曦影明。粤宛设如阙收敛，广轮亦岂镇荣生，萧森巫峡当年况，杜老因之八首成。

禾乃登

春生夏长逮秋成，何日不筹雨与晴。幸得囷场登宝稷，几多辛苦共农氓。

余三余九犹须计，如坻如京那易盈。寄语方来为政者，勿将容易说丰亨。

八月白露节三候

鸿雁来

热去寒来雁自知，何曾个里措心思。北风借矣还湘浦，南国怀哉别漠垂。湖上徘徊留影照，云中清朗有音遗。两行斜列原无意，谁谓世人人字之。

元鸟归

塞鸿来实去江国，元鸟归当何处归。徒见携雏一朝去，那辞命侣隔年违。颉颃谁与为瞻望，巧拙其间底是非。分付明春应至者，旧巢好在认依稀。

群鸟养羞

巢迥窝低各自谋，近冬群鸟养其羞。传云凡事豫则立，记曰百工亦有休。谁谓微禽无识见，却收旨蓄御穷愁。雪深林冻山枯寂，坐食何劳逐逐求。

八月秋分中三候

雷始收声

作解原于甲坼候，时行更复畅丰隆。收声适合金纆逮，应节况当八月中。可识响余定归寂，徒看云布暗消风。阿香此后多闲暇，明岁推车役再充。

蛰虫坏户

人识天寒塞向时，虫虽微也亦当知。坏斯户则惟应矣，俯彼头犹且待之。计以安居原在豫，出而致用漫嫌迟。冯生万物适其适，覆载鸿功岂有遗。

水始涸

天一生之地六成，随阴气与作虚盈。虽当亢氏朝云见，《国语》云："天根见而水涸。"注云："天根星在亢氏之间，谓寒露雨毕之后五日，天根朝见，水潦尽竭也。"何碍江河东以行。江河源远流长，虽当潦尽之时，不过稍杀其涨，原无涸事也。设使浍沟原立涸，便教潭峡亦当清。有无源本别于是，然岂云乎大海瀛。

九月寒露节三候

鸿雁来宾

先后飞来本不伦，先呼曰主后呼宾。《月令》孔疏云："仲秋直云鸿雁来，以其初来即过，故不云'宾'。季秋云来宾者，以其止而未去，犹如宾客也。或云雁以仲秋先至者为主，季秋后至者为'宾'，其说较为直捷。"此迟彼速亦何定，立字安名有底真。归计原期天以外，旅栖权借水之滨。木兰嘉客随围候，都效劬劳称雁臣。每岁木兰秋狝，诸蒙古札萨克王公等毕集随围，典属向以蒙古按塔哈称之。按：塔哈者，国语谓"宾客"也。各蒙古木皆称臣，从不敢以宾客自居。然其来时，适当鸿雁来宾之候，较古所谓雁臣者，尤贴切也。

雀入大水为蛤

飞潜异类不相知，蛤也何缘雀所为。鼓动气机随物化，浮沉海水任形移。成楼漫与蜃相较，充鼎端因鹬共持。燕百岁而鸟千岁，说文此语本之谁。《说文》曰："蛎千岁，鸟所化。蛤百岁，燕所化。"此语谬悠，亦无本也。

菊有黄画

秋当金令正司时，金令为黄菊肖之。争作芳菲傲西帝，不妨寂寞伴东篱。午风微泛香无定，晓露常瀼韵有姿。试问裳裳同者孰，桂林粟亦几枝垂。

九月霜降中三候

豺乃祭兽

豺貌如狼心独善，彼惟残贼实顽冥。逢人弗害堪称惠，遇虎则威别有灵豺虽似狼，而不害人，虎反惧之。豺所溺处，虎不敢履，故猎者不射豺，以其为仁兽也。鹰鸟獭鱼向已辨，围陈若祭例堪型。先王候以为田猎，此语由来甚不经。《埤雅》云："季秋，豺取兽，四面陈之以祀其先，世谓之豺祭兽。"其说与鹰祭鸟、獭祭鱼相类。前已驳正之。又方言云："豺取兽，四面方布而陈祭，故先王候之以田。"《礼记》所谓"豺祭兽，然后田猎是也。"记所言盖以豺取兽为田猎之候，岂豺果知布兽陈祭乎？

草木黄落

季秋深矣露为霜，草木侵寻青变黄。已看洞庭遇风下，空传石谷待时长。陌头淡淡殊常况，林际萧萧有底忙。莫怨眼前饶寂寞，明年依旧绘春芳。

蛰虫咸俯

坏户由来又几旬，顺时俯首养元真。行藏任运本无事，动静随宜自有伦。伏气可辞饮与食，存身将以屈为伸。秋官穴氏称攻火，意谓失之类不仁。《周礼》："秋官穴氏掌攻蛰兽，各以其物火之。注将攻之，必先烧其所食之物于穴外以诱出，乃可得之"云云。余以为，兽顺时入蛰，烧其食以诱杀之，是乘殆不仁，与王政相戾。且蛰兽所聚食物皆藏于穴中，从无积于穴外者。按：《国语》谓"野鼠藏食穴为鄂密桑阿。"今口外山野多地鼠藏食之穴，信而可据。又按：《汉书·苏武传》："武既至海上，掘野鼠，去草实而食之。"颜师古注云："去，谓藏也。"考字书，去与弆通，足为藏食穴中之证。乃注《周礼》者谓"烧其所食之物于穴外，以诱出而得之"，其舛甚矣。盖由未悉北方物土，妄以已意强释经文，向亦无辨订之者，故不免沿讹至今耳。

十月立冬节三候

水始冰

元真司令气初凝，应候因之水始冰。才见流渐轻泛沼，旋看浮片已成凌。鱼游嫌此碍何至，狐听增他疑不胜。掬取最宜玉壶置，龙标佳句亦堪称。

地始冻

水寒土暖有前闻，其冻亦因先后分。阳气微输阴气盛，冬风烈异夏风薰。

闭藏权止发生物，坚结都欣重载群。冬月既冻以后，地始坚实。重载之车，乃得驱行无阻。著得坤为地初六，厥机早示履霜文。

荏入大水为蜃

荏之类本自多名，按：《尔雅·颅诸荏》注云："即今荏"。此外又有鹞荏、鶅荏、鸣荏、鷩荏、海荏、山荏、翰荏、鶕荏、翠荏之分。皆以毛色异名。而鷮鹞鶅鶕又以四方为别，其实总不离乎荏也。为蜃由来属化生。究亦何人得亲见，无过食耳浪传声。周书明注立冬节，梵典早闻乾闼城。幻固因真真亦幻，底从月令考闲评。

十月小雪中三候

虹藏不见

雨过天晴余水气，日光相射彩虹披。每于夏出原为惯，谓曰冬藏颇觉迟。虹，每因雨霁，夕阳照暎而成。夏日恒见，至秋已弗恒见，谓应小雪候似迟。何处应真成道去，梵僧有成道者，其化身或乘虹桥而去，见梵典。更传仙侣设桥移。霁霄举目都无见，尽洗烦言却合宜。

天气上升地气下降

天地不交七月否，然其间尚有三阳。孟冬坤卦阴之极，下降上升时则当。奇以轻清静为敛，偶惟重浊动还藏。弗恒辟亦岂恒阖，来复非迟七日将。

闭塞而成冬

上升下降弗相应，闭塞其间若弗通。息以为消消以息，终由于始始由终。生机默运谁能识，造物鸿功自不穷。王者奉天无二道，一心只在体元中。

十一月大雪节三候

鹖鴠不鸣

毅鸟夜鸣曰求旦，金禽曙唱类司晨。《隋书·礼仪志》"鸡是金禽"。遇冬乃便噤其唤，报晓何当认作真。赞郭璞既称饰武士，传袁真淑又纪服幽人。较于反舌无声异，寒暑其间实不伦。反舌无声，是畏暑也。鹖鴠不鸣，则畏寒也。其畏虽同，而寒暑实异云。虎始交畏热由来百兽情，独惟虎更较他嬴。故其交在仲冬候，亦必胎而七月生。见家语已是从风著于象，要当格物致乎精。泰山原自喻为政，负子渡河语岂诚。按：《后汉书·刘昆传》载，昆为弘农太守，仁化大行。崤驿道向多虎，皆负子渡河云云。夫虎猛兽也，止知藏林薮、逐鹿豕，以养其生。太守仁政，虎安得知之？又岂能推太守意不伤民而去，一一负其子以行哉？范蔚宗纪此，第欲扬刘昆之美，而适以滋有识者之疑，实无取也。且其说或因《礼记》孔子过泰山苛政猛于虎之言，仿而为此，不知苛政猛于虎，乃指物喻政，不失为正。若谓虎知善政而相率渡河，则事所必无。向曾作文辨正之。

荔挺出

荔草原非荔枝树，其名不一已纷焉。荔枝、草类，与荔枝树名相近而实非。又薜荔，香草，见《离骚》。荔草，如乌韭，见《山海经》。又汉武帝得南越奇草异木，起扶荔宫植之。虽皆以荔为名，而与荔挺俱无涉也。始生自是芸同也，挺出当知薤实然《礼》、《月令》："荔挺出，注马薤也。"以论傲寒谁可并，因思得气最为先。设云辟火征占验，《易统验元图》云："荔不出，国多火。"怪力乱神圣所捐。

十一月冬至中三候

蚯蚓结

凝冬自不冻黄泉，蚯蚓居之安则然。绝饮已同龙与蛰，伏眠何异兔为跧。别名岂必巴人辨，本草巴人，谓之朐䏰。充操惟应仲子坚。早是一阳生子半，即看启户答芳年。

麈角解

月令曾将麈易麋，传讹难订始于谁。山庄夏五麋恒见，海子冬中麋考知。设匪真经亲试定，其差亦岂易为移。憬然悟复輾然笑，纪载千秋率若斯。岁壬午，余既辨明鹿与麋皆解角于夏。而《月令》之言"解角于冬者"，则未详何属，蓄疑者五六年。丁亥冬至，忽忆南苑有所谓"麈"者，俗名长尾鹿，或解角于冬亦未可知。遣御前侍卫五福视之，则正值其候，有已脱者，有在𡐓仅脱其一者。持其已解之角以归，乃恍然于冬至实有解角之兽，《月令》所言不为全误。弟误以麈为麋耳。盖鹿之与麋，北人能辨之，而南人则弗能识。麈与麋亦然。故注疏家沿讹袭谬，无有辨证之者，乃至以鹿为山兽，麋为泽兽，而不知其实皆一类也。因命改正《灵台时宪》。而《月令》则仍其讹，以传行已久，不必改也。并为之说，以示信解惑焉。

水泉动

月值复而方值坎，水泉应动更何疑。气温原自无冻理，泉得气之温，虽冬弗冻，流而为溪，始结冰。即井亦弗冻，不过冬时微弱耳。候冷亦常有弱时。律转一阳壮于昨，趵翻几突落为漪。镜奁开处光明朗，讵必微风练影波。

十二月小寒节三候

雁北归

名之阳鸟以随阳，曦御北移北乡当。已注意焉彼沙漠，行将别矣此潇湘。由来逆旅原无定，设曰攸居曷有常。桃李园中春夜宴，李青莲语岂为狂。

鹊始巢

禽中最具性灵物，子月构巢择向明。抵玉或缘占噩梦，桓宽《盐铁论》云："崐山之旁，以玉璞抵乌鹊。"初读而疑之，以玉璞非抵鹊之物，而鹊亦可以不抵。因询之和阗人之备侍卫者，则称回部诸城皆有鹊，而和阗独无。且云，相传其地不可有鹊，有则必致刀兵，地不宁，年不丰，故和阗人见鹊即抵之。盖和阗为崐山旁支，其地产玉。初非所贵，用以抵鹊，容或有之。桓宽之说，不为无据，惜未详其故耳。向曾著为说以证《盐铁论》之不妄。传枝却解为孚生。知风因以分高下，背岁兼能避惧惊。一节只应憎尔者，每当望雨乃呼晴。

雉雊

禽鸣屈颈象如句，凡鸟鸣必屈其颈，盖用力以扬其音也。雉雊应于音义求。能识一阳回地肺，因倡百鸟发春喉。周人漫拟尚求喻，宋帝迟怀空返羞。设以如皋论恒理，斯时微觉先乎不。雉鸣应于春，故得其卵必于首夏。此经屡验者。《月令》属之冬，似乎过早实，亦不之闻也。

十二月大寒中三候

鸡乳

卵生无乳胎生乳，谓潼也，胎生者乃有，卵生者无此鸡乳之乳，读如又，切柔，去声。鸡乳盖因孚翼名。从乙从孚元鸟喻，司晨司夜玉衡精。知时雅合为雄唱，论政还当戒牝鸣。漫道新雏力犹弱，养成拟赛斗场争。

征鸟厉疾

鸷禽亦复名征鸟，其性能禁风与霜。百草已枯眼益疾，三冬欲尽力尤强。雄心劲羽方将试，华绊金环亦所当。苑监告他饲养者，还应熟虑饱而扬。

水泽腹坚

卦在坎还支在亥，亥为刚地坎为川。无非气运神而化，自合冻凝腹乃坚。太液冰嬉颂赏赉，万年国俗寓机权。国俗有冰嬉之技。每岁冬至后至腊日，于太液池按八旗排日简阅分等赏赉，既可肄劳习武，兼以励众施恩，诚万年所当遵守之善制也。贞元遂启三阳泰，七十二章吟以全。

此今春所作也。山庄清暑几余，书以遣暇，阅两旬而成，因识岁月。

臣：郑大进敬书

臣：永庆监刊

《七十二候图》

| 图211 刘业邨绘《七十二候图》 | 图212 | 图213 | 图214 |

图215　风兼残雪起，河带断冰流（东风解冻）

图216　蛇蛰雨足郊原草木桑（蛰虫始振）

图217　池鱼戏叶仍含冻，宫女裁花已作春（鱼上冰）

图218　山冷莺藏柳，溪喧獭趁鱼（獭祭鱼）

图219　三春时有雁，葛里少行人（候鸟北）

图220　冰消泉脉动，雪盖草芽生（草木萌动）

图221　颠狂柳絮随风舞，轻薄桃花逐水流（桃始华）

图222　风来花自舞，春入鸟能言（仓庚鸣）

图223　林外鸠鸣春雨歇，屋头日出杏花繁（鹰化为鸠）

图224　燕子池塘春雨细，杏花庭院晚（原诗作晓）风尖（元鸟至）

图225　绝（原诗作半）壁清泉吹冷雨，悬崖飞瀑吼晴雷（雷乃发声）

图226　千群铁马云屯野，百尺金蛇电掣空（始电）

图227　明月满庭池水深，桐花垂在翠帘前（桐始华）

图228　蝶舞蔬畦晚，鴽鸣麦野晴（田鼠化为鴽）

图229　山行步步黄泥滑，小立溪桥听鸣鸠（鸣鸠拂羽）

图230　女桑新绿映宫槐，三月春风戴胜来（戴胜降于桑）

图231 多情幽草缘墙绿，无赖群蛙绕舍鸣（蝼蝈鸣）

图232 蚯蚓土中出，回鸟随我飞（蚯蚓出）

图233 早菓已成花半落，新巢未空燕子回

图234 可怜持蟹拓笔（原诗作持杯）手，小圃携锄学种瓜（王瓜生）

图235 无名江上草，随意岭头云（靡草死）

图236 郊原浮麦气，池沼发荷英（麦秋至）

图237 持斧伐远杨，荷锄占泉脉（螳螂生）

图238 芳树晓烟鶗鴂鸣，淡云晕碧漏新晴（鵙始鸣）

图239 谁道关关便多事，更能缄默送芳菲（反舌无声）

图240 渐至鹿门山，山明翠微浅（鹿角解）

图241 余情萱际蝶，新响树间蜩（蜩始鸣）

图242 小雨半畦春种药，寒灯一盏夜修书（半夏生）

图243 柳阴低蘸水，落气上薰风（温风至）

图244 蟏蛸挂虚牖，蟋蟀鸣前除（蟋蟀居壁）

图245 湖落远滩（原诗为沙，此处似滩）群下雁，树敧高壁独巢鹰（鹰始挚）

图246 山深倦鹤（原诗为鹊）犹依树，风定飞萤自上楼（腐草为萤）

图247 野舍时雨润，山杂夏云多（土润溽暑）

图248 喷壁四时雨，傍村终日雷（大雨时行）

图249 天雨新霁后，秋风动微凉（凉风至）

图250 余风生竹树，清露薄衣襟（白露降）

图251 归路烟霞里，山蝉处处吟（寒蝉鸣）

图252 （原诗作藏）虹辞晚雨，飞（原诗作惊）隼落残禽（鹰乃祭鸟）

图253 秋气肃天地，太行高翠微（天地始肃）

图254 禾黍积场圃，楂梨垂户扉（禾乃登）

图255 八月书空雁字联，岳阳楼上俯晴川（鸿雁来宾）

图256 舟横别巷（原诗作港）起（原诗作赴）鸥约，人立斜阳等燕归（元鸟归）

图257 风雨荡繁暑，雷息佳霁初。众峰带云雨，清气入我庐（群鸟养羞）

图258 虫思机杼悲，雀喧禾黍熟（雷始收声）

图259 坏户虫思蛰，巡檐鸟噪巢（蛰虫坏户）

图260 山高月小，水落石出（水始涸）

图261 鱼市人家满斜日，菊花天气近新霜（菊有黄华）

图262 霜天猎归处，万里入横鞭（豺乃祭兽）

图263 秋从黄叶声中老，人向青山缺处行（草木黄落）

图264 夜深静卧虫声绝，清月出岭光入扉（蛰虫咸俯）

图265 庭草留霜池结冰，黄昏钟绝野云凝（原诗作冻）（水始冰）

图266 白草近关微有路，浊河连底冻无声（地始冻）

图267 楼台重蜃气，邑里杂鲛人（雉大入水为蜃）

图268 护丹老松卧苍龙，落涧泉奔舞玉虹（虹藏不见）

图269 斗柄上霄汉，笳声下戏楼（天气上升地气下降）

图270 闭门群动息，积雪透疏林（闭塞成冬）

二十四节气著作目录

岁时节气集解.一卷.附录一卷.(明)洪常撰.正德八年（1513）洪氏家塾梦庄草堂刻本

诸方节气加时日轨高度表.一卷.(清)梅文鼎撰，魏荔彤辑.雍正元年（1723）柏乡魏荔彤兼堂刻本，乾隆十四年（1749）宣城梅汝培重修刻本，光绪十一年（1885）敦怀书屋刻本

七十二候印谱.(清)李仙舟辑.嘉庆十二年（1807）何震刻印临印本

都城顺天府节气时刻.(清)佚名撰.道光二十一年（1841）套印本

二十四节气练功秘籍.(清)佚名撰.同治五年（1866）抄本

都城顺天府节气时刻.(清)佚名撰.光绪二十九年（1903）绛雪斋石印本

二十四节气中星歌.(清)钟国梁撰.光绪三十年（1904）刻本

二十四节气.陶秉珍编.中华书局，1948

中华人民共和国1952年新历书(二十四节农事歌).遂宁县木刊书籍老文德印制社编.遂宁县木刊书籍老文德印制社，1952

华中农家历.李铭侯编.商务印书馆，1952

二十四节气.陆仁寿著.财政经济出版社，1955

兰州二十四节气与生物发生之关系.颜刚甫撰.1956年稿本

历法和节气.孙寿荫编著.天津人民出版社，1957

历法与节气.张凯恩编著.河北人民出版社，1958

怎样按节气种庄稼.贾辉唐编著.河北人民出版社，1958

二十四节气.程傅颐编.苏州人民出版社，1959

时间与历法.胡继勤.商务印书馆，1959

二十四节气与农业生产.中国农业科学院农业气象研究室编著.农业出版社，1960

二十四节气与甘肃气候.甘肃省气象研究所编.甘肃人民出版社，1960

云南省农事节令活动参考.廿四节令农业活动参考.云南省农事展览馆编.云南人民出版社，1960

节令与农情.安徽省农业科学院作物研究所编.安徽人民出版社，1961

西宁地区廿四节气与农事活动.西宁市农牧局编.青海人民出版社，1962

怎样按节气种庄稼.贾辉唐编著.河北人民出版社，1962

节气气候与贵州农业生产.尹世勋编.贵州人民出版社，1962

广州地区天气物候观察（上）何大章编.中国科学院广州地理研究所，1963

广东二十四节气气候.广东省气象局编著.广东人民出版社，1964

一九六四年二十四节气表.云南人民出版社编辑.云南人民出版社，1964

农事节气三字经.余长飞编.浙江人民出版社，1965

二十四节气与农业生产.中国农业科学院编.农业出版社，1965

节气和农事.安徽省农业科学院主编.安徽人民出版社，1965

节气与农活.锦州市科学技术协会编.锦州农业气象试验站，1966

二十四节气与甘肃气候.甘肃省革命委员会气象局编.甘肃人民出版社，1972

节气与农事.温克刚编.山西人民出版社，1974

斗门县一年二十四节气农事活动情况.斗门县革命委员会编.斗门县革命委员会，1975

中国神功（2）二十四节气练功法.四季养生法.八式太极拳/华佗五禽戏.恭鉴老人著.三叶出版社，1975

节气与农事.安徽省农林科学院编.安徽人民出版社，1975

二十四节气.冯秀藻，欧阳海著.农业出版社，1982

节气计算.唐汉良编著.陕西科学技术出版社，1982

中国的花神与节气.殷登国编著.民生报社，1983

农事月历.路季梅.江苏科学技术出版社，1983

立法　节气　传统节日.冉学溎编.重庆出版社，1984

农村节气与节日.樊增效编著.农村读物出版社，1985

广东二十四节气气候.徐蕾如著.广东科技出版社，1986

刘其伟水彩集：1986廿四节气系列、回顾作品1962—86.刘其伟绘艺术家出版社，1986

节气与农事.巫其祥编著.陕西科学技术出版社，1987

中国节气故事连环画.朱成梁等.中国少年儿童出版社，1988

中国传统节日习俗大全.赵宏主编.农村读物出版社，1988

四时八节饮食保健.徐敬武,白赝编著.中国食品出版社,1988

五十年月历.宋云,刘青,王小文,李则良等著.学术书刊出版社,1989

二十四节气与农业生产.高峻峰,梁桂森编著.山东省出版总社聊城分社,1990

节气节日小常识.李兴春等编写.农村读物出版社,1990

农业气候学.欧阳海等编著.气象出版社,1990

二十四节气与农业生产.韩湘玲,马思延编著.金盾出版社,1991

节气 民俗 生计(四季话题1000则).伊澈等编著.今日中国出版社,1992

十二生肖与二十四节气.高世良编著.首都师范大学出版社,1994

廿四节气小知识.美然丹丹编写.中国展望出版社,1994

农业气候学.程德瑜主编.气象出版社,1994

趣谈历法节气民俗.施连方编著.党建读物出版社,1995

天时·物候·节道中国古代节令智道透析.佟辉著.广西教育出版社,1995

中国二十四节气.汤继文著.海南国际新闻出版社,1996

节气与农谚选编.印存栋编.宣城地区行署农村经济委员会,1996

台湾岁时记.二十四节气与常民文化.陈正之著."行政院新闻局"中部办公室,1997

月令七十二候集解.(元)吴澄撰.齐鲁书社,1997

图说二十四节气(连环画).邹建源绘,彭建军文.湖北少年儿童出版社,1997

冷冰川的世界—闲花房—二十四节气及其他.冷冰川绘,生活·读书·新知三联书店,1997

节气 气候 农业.陶毓汾,朱履宽编著.中国农业出版社,1998

四季与节气.王满厚编著.济南出版社,1998

节气·农事·农谚.胡振国主编.山东科学技术出版社,1998

中国二十四节气诗词鉴赏.王景科主编.山东友谊出版社,1998

二十四节气.彭建军编.中国铁道出版社,1999

礼魂 中国二十四节气.林杉,何香久著,冷冰川绘.中国社会出版社,2000

农历的故事.张冰隅著.上海教育出版社,2000

二十四节气的恋人.冷冰川绘.上海文艺出版社,2001

台湾二十四节气.刘还月编.文常民文化事业股份有限公司，2001

台湾民俗植物：认识二十四节气.吴忆萍著.田野影像出版社，2001

农历和农事节气.陈丙合，陈兆松编.贵州人民出版社，2002

历法·节气趣谈.施连芳编著.农村读物出版社，2003

二十四节气养生经.中国养生文化研究中心编.河南大学出版社，2004

内经养食：二十四节气夏季养生篇.邓淼，王博著.台原出版社，2004

民俗趣话：吉瑞中国节.桑麻编著.内蒙古人民出版社，2004

黑土地农业生产与二十四节气.沈能展编著.黑龙江科学技术出版社，2004

秋养生.中国养生文化研究中心著.大都会文化事业有限公司，2004

二十四节气与农业生产.韩湘玲等编著.伊犁人民出版社，2005

24节气与养生.孙勇，刘红编著.中国物资出版社，2005

24节气与食疗.王颖，彭学峰编著.中国物资出版社，2005

二十四节气新编.甄真著.中国社会出版社，2005

中国人的岁时文化.海上著.岳麓书社，2005

中华二十四节气.王修筑编著.气象出版社，2006

二十四节气养生食谱—现代人·大众美食系列.邵淑杰编著.中国轻工业出版社，2006

二十四节气养生与食疗.张雪松编著.北京图书馆出版社，2006

二十四节气养生食谱.邵淑杰编著.中国轻工业出版社，2006

二十四节气内外认识中国农业.周其森著.中国文史出版社，2006

四季养生与食疗.曾郁娟编著.金城出版社，2006

二十四节气谚语新编.高达编著.安徽文艺出版社，2007

历法·节气趣谈.施连芳著.农村读物出版社，2007

二十四节气新读.钟孝书编著.贵州科技出版社，2007

图说中国传统二十四节气.宋兆麟编著.世界图书出版公司西安公司，2007

24节气与养生宜忌.方瑾编著.企业管理出版社，2007

二十四节气养生.刘婷婷著.中原农民出版社，2007

节气与养生.石晓娜编著.中国妇女出版社，2007

24节气饮食养生指南.时冬梅编著.航空工业出版社，2007

二十四节气饮食养生.代凯军编著.上海科学普及出版社，2007

24节气与中医保健.舒丹主编.中国物资出版社，2007

二十四节气养生 春养生.祝书华主编.广东经济出版社，2007

二十四节气养生 夏养生.祝书华主编.广东经济出版社，2007

二十四节气养生 秋养生.祝书华主编.广东经济出版社，2007

二十四节气养生 冬养生.祝书华主编 广东经济出版社，2007

二十四节气与农事活动.李士高著.陕西科学技术出版社，2007

二十四节气与养生.望岳编著.吉林科学技术出版社，2007

二十四节气与食疗.望岳编著.吉林科学技术出版社，2007

二十四节气与农业生产.何京亮编著.中华工商联合出版社，2007

中国二十四节气药膳.彭铭泉主编.人民军医出版社，2007

二十四节气与养生 林禾禧谈养生.林禾禧编著.福建科学技术出版社，2007

二十四节气.彭书淮编著.中国纺织出版社，2007

二十四节令养生汤品.佘自强著.南方日报出版社，2007

二十四节气歌新读.钟孝书编著.贵州科技出版社，2007

中国花神与节气.殷登国著.百花文艺出版社，2008

二十四节气养生大全.严晓莉，李翠美编著.长安出版社，2008

漫话节气民俗与气象.李德编著.气象出版社，2008

24节气与养生.樊正伦主编.吉林科学出版社，2008

农历和农事节气.陈丙合编.贵州人民出版社，2008

春：二十四节气美味家常菜.李颖，苗雨主编.科学技术文献出版社，2008

夏：二十四节气美味家常菜.李颖，苗雨主编.科学技术文献出版社，2008

秋：二十四节气美味家常菜.李颖，苗雨主编.科学技术文献出版社，2008

冬：二十四节气美味家常菜.李颖，苗雨主编.科学技术文献出版社，2008

气象与农事.徐仁吉编.气象出版社，2008

因时而食24节气养生食谱.董书山，张传成主编.农村读物出版社，2008

农节里的健康话题.周贻谋编著.人民卫生出版社，2008

林禾禧谈二十四节气养生.林禾禧编著.福建科学技术出版社，2008

二十四节气与农业生产.韩湘玲,马思延编著.金盾出版社,2008

节气与农事.中国气象学会秘书处,气象出版社编.气象出版社,2008

农家一年早知道.二十四节气农事.钟孝书编著.贵州民族出版社,2008

二十四节气养生.刘婷婷著.中原农民出版社,2008

24节气养生药方.中国养生文化研究中心著.大都会文化事业有限公司,2008

24节气养生食方.中国养生文化研究中心著.大都会文化事业有限公司,2008

秋养生.中国养生文化研究中心著.大都会文化事业有限公司,2008

四季养生节气.潘宏基主编.上优文化事业有限公司,2008

古今岁时杂咏.(宋)蒲积中编,徐敏霞校注.三秦出版社,2009

图解二十四节气与养生.李宏伟主编.延边人民出版社,2009

四季养生大全.健康生活研究组主编.新世界出版社,2009

二十四节气养生图解.北京食物养生图解研究组编.湖南科学技术出版社,2009

细说二十四节气养生大全.张家林编著.中医古籍出版社,2009

晋中盆地物候气候与农业生产.栗锡龄,程锡景主编.气象出版社,2009

中华二十四节气知识全集.李金水主编.当代世界出版社,2009

从冬到夏谈养生:中医养生与二十四节气.牧之编著.新世界出版社,2009

24节气与人体调养.刘青编著.民主与建设出版社,2009

二十四节气养生大全.李辉著.北京燕山出版社,2009

新编二十四节气与养生.王旭晨编著.内蒙古人民出版社,2009

24节气养生法.迷罗著.江苏人民出版社,2010

24节气与养生宜忌.温如玉编著.中国画报出版社,2010

中国文化知识读本:二十四节气.李思默编著.吉林文史出版社,2010

新中医实用大全:新二十四节气与养生.王旭晨.内蒙古人民出版社,2010

二十四节气养生大全.张延军编著.北京工业大学出版社,2010

黄帝内经二十四节气养生法.曾子孟著.中国工人出版社,2010

24节气与四季养生法.国医绝学一日通系列丛书编委会编.中国工商出版社,2010

气象谚语与历法节气趣谈.高桂莲，施连芳编著.中国社会出版社，2010

二十四节气养生药膳.二十四节气养生药膳编委会编.辽海出版社，2010

黄帝内经二十四节气养生法.严晓莉著.第四军医大学出版社，2010

24节气养生食方.中国台湾养生文化研究中心著.江苏文艺出版社，2010

24节气养生药方.中国台湾养生文化研究中心著.江苏文艺出版社，2010

二十四节气知识全书.李志敏编著.中国纺织出版社，2010

二十四节气话养生.董汉良编著.金盾出版社，2010

二十四节气.李思默编著.吉林文史出版社，2010

黄帝内经十二时辰养生宜忌.国医绝学健康馆编委会.重庆出版社，2010

气候与节气.气候与节气编写组编.世界图书广东出版公司，2010

黄帝内经二十四节气养生法.王彤著.化学工业出版社，2010

二十四节气民俗.高倩艺编著.中国社会出版社，2010

24节气饮食法.唐博祥著.江苏人民出版社，2010

顺着节气养自己——二十四节气养生.池晓玲著.羊城晚报出版社，2010

図説浮世絵に見る日本の二十四節気.（日）藤原千惠子编.河出书房新社，2010

读农谚·知农事.邵同斌主编.化学工业出版社，2010

二十四节气养生精华.家庭养生课题组编著.中国纺织出版社，2010

24节气及四季养生.京城岐黄国医馆编著.内蒙古人民出版社，2010

一本书读懂二十四节气知识.王晓梅编著.中央编译出版社，2010

黄帝内经二十四节气养生法.国医绝学健康馆编委会编.重庆出版社，2010

节气与农事.袁炳富著.安徽大学出版社，2010

跟着时间养生——图解12时辰及24节气养生精华.崔晓丽编著.中国纺织出版社，2010

不可不知的中华二十四节气常识.石夫，韩新愚编著.中原农民出版社，2010

黄帝内经二十四节气饮食法.孙立彬，王彤编.化学工业出版社，2010

光阴（中国人的节气）.申赋渔著.中央编译出版社，2010

黄帝内经二十四节气养生食疗.王彤编著.捷径文化出版事业有限公司，2010

跟着节气去旅行：亲子共享自然的24个旅程.范钦慧著.远流出版事业股

份有限公司，2010

24节气三合一养生法.迷罗著.野人文化股份有限公司，2010

二十四节气药膳大全集.买雯婷编著.湖南美术出版社，2011

春分冬至：民间美术中的二十四节气.沈泓著.中国广播电视出版社，2011

图解二十四节气祛百病.黄明达主编.中央编译出版社，2011

24节气诵读古诗词.常丽华著.文化艺术出版社，2011

画说四24节气养生智慧.李艳，谭洪福主编.人民军医出版社，2011

顺时养生：藏在时辰和节气里的养生秘诀.海文琪著.中国轻工业出版社，2011

二十四节气养生大全集.轩书瑾编著.湖南美术出版社，2011

花样女人——二十四节气美人计.赵华路，赵阳路编著.青岛出版社，2011

二十四节气顺时养生.轩书瑾编著.湖南美术出版社，2011

二十四节气大观.张娜，许海杰编著.西苑出版社，2011

国医24节气养生智慧.徐宁主编.化学工业出版社，2011

图说二十四节气和七十二物候.王修筑著.山西人民出版社，2011

黄帝内经二十四节气养生法.杨力主编.上海科学普及出版社，2011

二十四节气与养生.张红星，左祖俊主编.湖北科学技术出版社，2011

代代永流传的科学养生智慧：你不可不知的24节气健康养生经.月望西楼编著.江西科学技术出版社，2011

生命的季节：黑鹤二十四节气自然随笔.格日勒其木格·黑鹤著.黑鹤接力出版社，2011

岁时24章24节气的新闻笔记.储文静著.湖南文艺出版社，2011

二十四节气吃什么宜忌速查.好生活百事通编委会编著.中国纺织出版社，2011

节气民俗与养生.丛书编委会编.浙江科技出版社，2011

二十四节气知识一本通.关美红编著.中国三峡出版社，2011

二十四节气大观.张娜编.西苑出版社，2011

每天学一点养生:24节气与人体调养.刘青编著.民主与建设出版社，2011

二十四节气养生法.徐月英主编.辽宁科学技术出版社，2011

第一节气养生法.轩书瑾编著.湖南美术出版社，2011

二十四节气食品养生手册.北京稻香村编.稻香村，2011

参 考 文 献

一、古籍史料

《淮南子》二十一卷，[汉]刘安等编，民国四年（1915）扫叶山房石印本.

《周髀算经》二卷，[汉]佚名撰，清刻本.

《荆楚岁时记》，[南朝梁]宗懔撰，岳麓书社1986年出版.

《群芳谱》二十九卷，[明]王象晋撰，明天启元年（1621）沙村堂刊本.

《七十二候》不分卷，[清]郑大进书，清刻本.

二、主要著作

韩湘玲，马思延，2008，二十四节气与农业生产[M].北京：金盾出版社.

彭书淮，2007，二十四节气[M].北京：中国纺织出版社.

宋兆麟，2007，图说中国传统二十四节气[M].北京：世界图书出版公司.

王修筑，2011，图说二十四节气和七十二物候[M].太原：山西人民出版社.

望岳，2008，二十四节气与养生[M].长春：吉林科学出版社.

中国农业科学院农业气象研究室，1960，二十四节气与农业生产[M].北京：农业出版社.

邹建源，彭建军，1997，图说二十四节气[M].武汉：湖北少年儿童出版社.

编　后　语

　　二十四节气形成于中国黄河流域，以观察该区域的天象、气温、降水和物候的时序变化为基准，作为农耕社会的生产生活的时间指南逐步为全国各地所采用，并为多民族所共享。作为中国人特有的时间知识体系，该遗产项目深刻影响着人们的思维方式和行为准则，是中华民族文化认同的重要载体。二十四节气鲜明地体现了中国人尊重自然、顺应自然规律和适应可持续发展的理念，彰显出中国人对宇宙和自然界认知的独特性及其实践活动的丰富性，与自然和谐相处的智慧和创造力，也是人类文化多样性的生动见证。

　　二十四节气列入联合国教科文组织人类非物质文化遗产代表作名录，既是教科文组织对该遗产项目有助于在整体上提高对保护非物质文化遗产及其重要性认知的一致认可，也体现出国际社会对保护传统知识与实践类非物质文化遗产，并将文化融入社会、经济和环境的可持续发展的重视。

　　二十四节气的传承和保护任重道远。为确保二十四节气的存续力和代际传承，在文化部、农业部的领导下，在文化部非物质文化遗产司的指导下，由中国非物质文化遗产保护中心作为协调单位，中国农业博物馆作为牵头单位，协同相关社区、群体于2014年5月成立二十四节气保护工作组，联合制定了《二十四节气五年保护计划（2017—2021）》，并共同约定了彼此的责任和义务。河南省登封市文化馆、内乡县衙博物馆，湖南省安仁县文化馆（非遗保护中心）、花垣县非遗保护中心，浙江省杭州市拱墅区非遗保护中心、衢州市柯城区九华乡妙源村村民委员会、遂昌县非遗保护中心、三门县亭旁镇杨家村村民委员会，贵州省石阡县文化馆，广西壮族自治区天等县文化馆等相关社区，相继建立二十四节气传习基地，结合富有地域特色的仪式实践和民俗生活，开展相关调查、传承和宣传活动，使这一传统知识体系得以存续。

我们根据业已制定的保护计划，与相关社区、群体和个人一道积极实施系列保护措施，认真履行各项义务和责任，让更多的国家、社区、群体和个人认识、了解二十四节气这一知识体系及其实践活动，并创造条件确保相关社区和群体在保护中发挥重要作用，同时吸引更多的年轻人加入到传承与保护的行列中来，激发其积极性和自觉性，使二十四节气这一重要的文化遗产在当代社会文化生活中焕发出新的活力。

《二十四节气》的出版和多次印刷就是推进二十四节气传承和弘扬的重要举措。面对博大精深的二十四节气，我们在编撰过程中，深感水平有限，虽然耗心费力，却难免挂一漏万，错漏难免，恭请读者批评指正。

编委会

2018年12月